知りたい！
テクノロジー

図解

クラウド
仕事で使える
基本の知識

杉山貴章［著］

技術評論社

注意事項

- 本書に記載された内容は、情報の提供のみを目的としています。したがって、本書を用いた運用は、必ずお客様自身の責任と判断によって行ってください。これらの情報の運用の結果について、技術評論社および著者はいかなる責任も負いません。

- 本書記載の情報は、特に断りのない限り、2011年6月現在のものを掲載しています。本文中で解説しているWebサイトなどの情報は、予告なく変更される場合があり、本書での説明とは画面図などがご利用時には変更されている可能性があります。

- 以上の注意事項をご承諾いただいた上で、本書をご利用願います。これらの注意事項をお読みいただかずに、お問い合わせいただいても、技術評論社および著者は対処できません。あらかじめ、ご承知おきください。

- 本文中に記載されているブランド名や製品名は、すべて関係各社の商標または登録商標です。

なお、本文中に®マーク、©マーク、™マークは明記しておりません。

はじめに

　「クラウドコンピューティング」という用語が初めて公の場で使われたのは2006年のことです。それから5年の間に「クラウド」は急成長を遂げ、いまやクラウドなしではIT業界を語れないほどに普及しています。その一方で、依然としてその実態はつかみづらく、「はたしてクラウドとは何なのか」「仕事で使うにはどうしたらいいのか」「自分の会社のビジネスにはどういう影響があるのか」などといった疑問の声を耳にすることも多々あります。本書は、そのようなクラウドに関する疑問を解決し、仕事で導入するための第一歩を手助けします。

　第1章と第2章では、クラウドとはいったいどんなもので、ユーザや企業にとってどのようなメリットがあるのかなどを紹介します。そのうえで、クラウド環境を構築するために利用されているさまざまな技術について解説しています。ここではクラウドに関する技術的なバックグラウンドも含めて解説することによって、その能力を最大限活用するために必要な知識を身につけていただくことを目指しています。

　第3章と第4章には、実際に企業がクラウドサービスを導入するうえで必要な情報がまとめられています。クラウドを導入するにあたっての準備や、導入手順、注意するべき点、そして実際に業務向けにどのようなサービスが提供されているのかなどが把握できるようになっています。第5章では、クラウドが抱えている課題や問題点、そしてそれに対処するための方法などを取り上げたうえで、未来への展望としてクラウド活用の新しい形や試みなどについても紹介します。

　本書によってクラウドを理解し、実際の現場／業務での活用につなげていただけたら幸いです。

　　　　　　　　　　　　　　　　　　　　　　　　　有限会社オングス　杉山貴章

CONTENTS

第1章 クラウドとは何か　11

- **1-1** クラウドの概念
  クラウドとは 12
- **1-2** クラウドがビジネスを変える
  クラウドで何ができるのか 14
- **1-3** クラウドが求められる理由
  なぜクラウドが必要なのか 16
- **1-4** データの保管場所
  データをどこに持つのか 18
- **1-5** クラウドの利用環境
  クラウドの利用に必要なソフトウェア 20
- **1-6** クラウドの内部を知る
  クラウドを形成するプラットフォーム 22
- **1-7** クラウドの導入効果
  クラウドの導入で何が変わるか 24
- **1-8** メインフレームからクラウドまで
  クラウドの歴史 26
- **1-9** クラウドの時代へ
  クラウドが生まれた理由 28
- **1-10** クラウドの種類を知る
  クラウドの形態 30
- **1-11** クラウドで提供されるサービスを知る
  クラウドのサービスモデル 32
- **1-12** クラウドでソフトウェアもパワフルに
  ソフトウェアによるクラウド活用 34
- **1-13** 大企業にとってのクラウドとは
  大企業とクラウド 36
- **1-14** 中小企業にとってのクラウドとは
  中小企業とクラウド 38
- **1-15** 個人ユーザにとってのクラウドとは
  個人ユーザとクラウド 40

| COLUMN | 大規模災害とクラウド .... 42 |

第2章 クラウドのしくみ　43

2-1 クラウドを構成するために使われる技術要素
クラウドを支える技術 44

2-2 仮想化による柔軟なシステムの構築
仮想化とは 46

2-3 さまざまな仮想化の方式
仮想化の種類 48

2-4 大量のサーバを組み合わせて利用する
分散処理とは 50

2-5 インターネットサービスの基本形
Webアプリケーションとは 52

2-6 サービスとしてのソフトウェア
SaaSとは 54

2-7 サービスとしてのプラットフォーム
PaaSとは 56

2-8 サービスとしてのインフラ
IaaSとは 58

2-9 サービスとしてのデスクトップ
DaaSとは 60

2-10 クラウドと安全に通信する
VPNとは 62

2-11 サーバはサービス提供の基本的要素
サーバとは 64

2-12 クラウドを利用する
クラウドに接続するデバイス 66

2-13 クラウド用のアプリケーション開発
クラウドを生かすプログラミング言語 68

2-14 Googleが考案した分散並列処理技術
MapReduceとは 70

	データベースもクラウド対応に	
2-15	クラウドに適したデータベースシステム	72
	リレーショナルでないデータベース	
2-16	NoSQL の種類	74
	クラウドの思想にも Web 2.0 は生きている	
2-17	クラウドと Web 2.0	76
	可用性を高めるために	
2-18	クラスタリングとは	78
COLUMN	クラウドの類似用語	80

第3章 クラウドの導入と利用　81

	クラウドに適したシステム	
3-1	どのようなシステムでクラウドを導入するべきか	82
	クラウドの導入を決める前に	
3-2	クラウドの導入前に考えるべきこと	84
	ただクラウドに載せるだけではダメ	
3-3	クラウドに合わせたシステムの再構築	86
	どのサービスを使えばよいか	
3-4	クラウドサービスを見極める	88
	クラウドのデメリットも考える	
3-5	クラウドを利用するリスク	90
	クラウド化する範囲を決める	
3-6	どの部分をクラウド化するのか	92
	クラウドへの移行事例	
3-7	既存システムをクラウドに移行する	94
	個人向けサービスを活用する	
3-8	小規模な現場でのクラウド利用	96
	システム規模の変更について考える	
3-9	システムの規模を拡大／縮小する	98

CONTENTS

	クラウドベンダの信頼度をチェックする	
3-10	クラウドを利用するうえでのセキュリティ対策	100
	クラウドストレージを活用する	
3-11	クラウドを利用したバックアップ	102
COLUMN	クラウドによるメディアサービス事業	104

第4章 さまざまなクラウドサービス　105

	Google Apps は SaaS の統合ソリューション	
4-1	Google のクラウドサービス（SaaS 編）	106
	Google のインフラを借りる Google App Engine	
4-2	Google のクラウドサービス（PaaS 編）	108
	自由度の高い Amazon EC2	
4-3	Amazon.com のクラウドサービス（IaaS 編）	110
	Amazon のインフラをより手軽に利用できる	
4-4	Amazon.com のクラウドサービス（PaaS 編）	112
	業務用 SaaS の先駆け	
4-5	Salesforce.com のクラウドサービス（SaaS 編）	114
	Salesforce のインフラを借りる Force.com	
4-6	Salesforce.com のクラウドサービス（PaaS 編）	116
	デスクトップとクラウドを融合させる Microsoft の SaaS	
4-7	Microsoft のクラウドサービス（SaaS 編）	118
	クラウド上の Windows 環境	
4-8	Microsoft のクラウドサービス（PaaS 編）	120
	IBM のクラウド戦略	
4-9	IBM のクラウドサービス	122
	Oracle のクラウド戦略	
4-10	Oracle のクラウドサービス	124
	ニフティが提供する純国産 IaaS	
4-11	ニフティのクラウドサービス	126

7

	世界的なクラウドサービスの先駆け	
4-12	Rackspace のクラウドサービス	128
	クラウドでビジネスの創造をサポートする	
4-13	富士通のクラウドサービス	130
	クラウドでビジネスの全ライフサイクルをサポート	
4-14	NEC のクラウドサービス	132
	プライベートもパブリックもワンストップで	
4-15	NTT データのクラウドサービス	134
	日立グループ全社の参加で提供されるクラウドサービス	
4-16	日立のクラウドサービス	136
	1000 種類を超えるクラウド構成をサポート	
4-17	IIJ のクラウドサービス	138
COLUMN	大規模クラウドサービスの障害による影響	140

第5章 クラウドの課題と今後　141

	クラウドシステムを守るには	
5-1	クラウド環境におけるセキュリティの課題	142
	クラウドシステムのセキュリティ対策	
5-2	クラウド上のシステムを保護するセキュリティ対策製品	144
	適切な情報セキュリティ管理のために	
5-3	クラウド利用時の情報セキュリティ管理ガイドライン	146
	クラウドサービスの品質を見極める	
5-4	SLA（サービス品質保証契約）について考える	148
	コンプライアンスの徹底を目指す	
5-5	クラウドと企業コンプライアンス	150
	国ごとの法律の違いに注意する	
5-6	データの所在にかかわる法的リスク	152
	クラウドを考慮した内部統制の構築	
5-7	クラウドの利用と内部統制	154

CONTENTS

5-8 内部統制評価の指針
クラウド事業者の内部統制評価 156

5-9 クラウドで発生するトラブルを知る
クラウド利用時に発生するトラブル 158

5-10 障害に強いしくみを構築する
サーバやネットワーク障害への対策 160

5-11 隠れたコストにも注意する
コスト見積りの難しさ 162

5-12 開発者視点でのクラウドとは
アプリケーション開発者にとっての課題 164

5-13 ロックインの問題を意識する
他のクラウドサービスへの乗り換え 166

5-14 クラウド技術の標準化への取り組み
クラウドの標準化 168

5-15 環境保護から見たクラウド
クラウドとグリーンIT 170

5-16 行政システムにクラウドを活用する①
霞ヶ関クラウドとは 172

5-17 行政システムにクラウドを活用する②
自治体クラウドとは 174

5-18 農業にクラウドを活用する
農業クラウドとは 176

5-19 教育現場にクラウドを活用する
教育クラウドとは 178

5-20 医療サービスにクラウドを活用する
医療クラウドとは 180

関連用語解説 182
索引 188

ent
1
chapter

クラウドとは何か

本章では、「クラウド」とはどんなものであり、クラウドを利用することで何が変わるのかを解説します。それに加えて、クラウドを理解するうえで必要となる考え方や概念、利用形態などについて紹介します。

chapter 1 クラウドの概念

1 クラウドとは

クラウドは雲の中に形成される巨大なコンピュータ

クラウドコンピューティング（以降、本書では「**クラウド**」と表記）とは、従来は、手元のコンピュータの中にあったデータやソフトウェア、ハードウェアの機能をインターネット上のサーバ群に移行し、それらを必要に応じて必要な分だけ利用するというコンピュータの利用形態のことです。現在のインターネットは、クライアントとサーバ、あるいはサーバとサーバが通信し合うことでさまざまなサービスを実現する**クライアント−サーバモデル**を基本として成り立っています。このモデルはクラウドでも健在ですが、従来と異なるのは**クライアントがどのサーバにアクセスしているのかを意識する必要はなく、ただクラウドにアクセスすればサービスを利用できる**ということです。

クラウドコンピューティングの「クラウド」（cloud）とは、文字通り「雲」のイメージから付けられた名前です。雲の中には、サービスを提供するためのサーバ群が隠れており、お互いに通信を行ったり、データを分散管理したり、アクセス状況に応じて、機器の増設や負荷分散などの対策を行ったりしていますが、雲の中なので、ユーザからは見えません。ユーザはただ雲に触れさえすればさまざまなサービスを利用できる、これがクラウドのコンセプトです。

クラウドはよく電話のしくみなどにたとえられます。家庭にある電話は、ただ番号を押すだけで、通話や時報、電話番号案内、天気予報、災害用伝言ダイアルなど、さまざまなサービスを受けることができます。電話会社では、日々システムの入れ替えや増強／縮小、新しいサービスの追加などを行っていますが、利用者がそのようなシステムの裏側を意識することはありません。

現在では、単純なWebサービスだけでなく、アプリケーションやデータベース、ユーザインターフェース、API、ビジネスロジック、ハードウェアリソースにいたるまで、コンピュータのあらゆる要素がクラウド上で提供されており、IT利用の新しい姿を形成しています。

chapter 1　クラウドとは何か

クラウド＝雲の中のコンピュータ

クラウド

- サーバ
- コンテンツ
- 開発環境
- アプリケーション
- データベース
- 運用ソフト
- デスクトップ環境
- ネットワーク機器
- 認証プログラム

- ノートPC
- デスクトップPC
- デジカメ
- 携帯電話
- スマートフォン
- 電子書籍端末
- オーディオ
- ゲーム機

雲（クラウド）の中がどうなっているのかを気にせずに、必要に応じてさまざまなサービスを利用することができる

13

chapter 1　クラウドがビジネスを変える

2 クラウドで何ができるのか

場所や場面を選ばないコンピューティングを実現

　クラウドは、ユーザとサービス提供者の双方にメリットをもたらします。サービスを提供する事業者にとっては、自社でサーバやネットワーク機器を用意しなくても、クラウド上のインフラ設備を必要な分だけ借りて利用すればよく、**設備にかけるコストを大幅に削減できる**というメリットがあります。もし急激なアクセスの増加などによって設備の増設が必要になった場合でも、追加のリソースを借りるだけで対応できるため、追加の投資も最小限に抑えられます。インフラの保守に人手を割かなくてもよくなるため、その分サービスの提供に専念できるという利点もあります。

　それに加えて、**クラウド内のさまざまなサービスを自社のサービスと組み合わせて、より充実したサービスを提供できる**ということも見逃せません。クラウド上のサービスの中には、ほかのサービスから利用するためのAPIが公開されているものも少なくありません。これらをうまく利用することで、開発期間やコストを削減し、ユーザのニーズに沿ったサービスを安価にすばやく提供できるようになります。

　一方で、サービスを利用するユーザは、ソフトウェアを買わなくても、クラウドにアクセスすることで、必要なサービスを必要なときにだけ利用できるようになります。従量課金制であれば、1度しか使わないソフトウェアのために高いお金を払う必要もなくなります。

　利用するデータやソフトウェア本体はクラウド上に存在するので、移動先のPCなどでも、普段使っているPCと同じ環境を利用することができるようになります。最近では、スマートフォンをはじめとするPC以外の端末に対応したサービスも増えてきているため、PCで作ったドキュメントを、出先ではスマートフォンで利用するなどといった利用も可能になります。**クラウドは、場所やシーンを選ばないコンピューティングを実現する**のです。

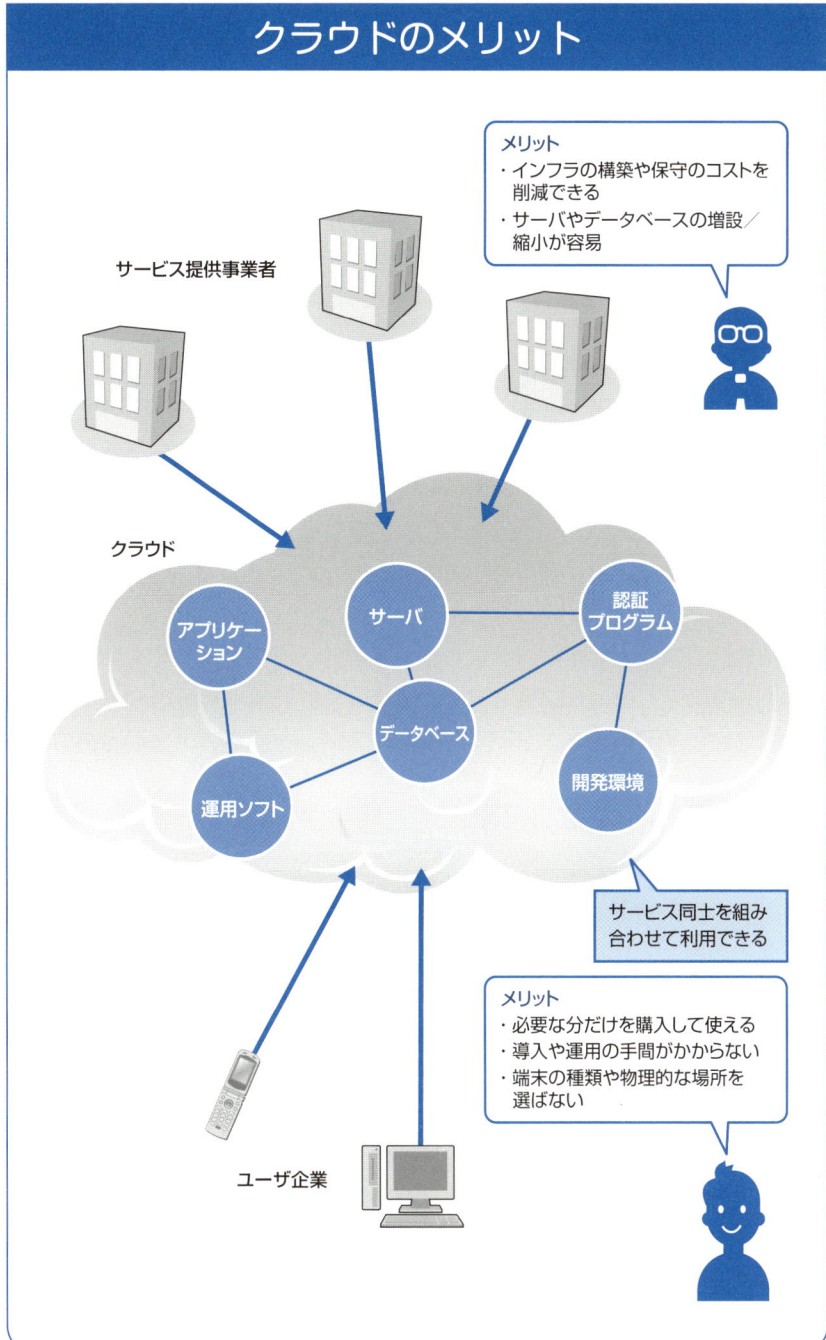

chapter 1 クラウドが求められる理由

3 なぜクラウドが必要なのか

「コスト」、「スケール」、そして「スピード」の解決を手助けする

　近年のIT市場には、非常に速いペースで変化するニーズにどのように対応していくかという課題があります。不特定多数を対象としたインターネット・サービスの場合、少しのきっかけで急激にアクセスが増加したり、逆に急激に落ち込んだりといった事態が頻繁に起こります。そのため、新規展開するサービスの規模を正しく見積もることが困難になり、オーバースペックな設備投資を行ったり、逆に頻繁な設備増強が必要になったりといった問題が生じていました。

　そこで注目されたのがクラウドです。クラウドではサーバリソースやアプリケーションサービスを**必要なときに必要なだけ利用できる**ので、ビジネスの成長に合わせて自由にスケールアウト／スケールダウンすることができます。リソースの管理はすべてクラウドの中で行われることなので、ユーザは技術的な問題を意識する必要はありません。これによって、システムに対する設備投資や設計／運用のためのコストを軽減することができるのです。

　サービスのセットアップを迅速に行うことができるというのも、クラウドのメリットです。新しいサービスを開始する際には、通常であれば、サーバやデータベースなどの機材を購入するために一定の準備期間が必要となります。しかしニーズの変化が速い現在では、その間にビジネスの好機を逃してしまうかもしれません。自社で設備を持たず、必要な分のリソースを借りるだけで使うことができるクラウドであれば、そのようなタイムラグを発生させずに市場にサービスを投入することができます。

　クラウドは、よく**ITの「所有から利用」へのパラダイムシフト**（価値観の変化）と表現されます。自社で所有することによるコストや迅速さ、技術面でのリスクを軽減することがクラウドの本質とも言えるのです。

chapter 1 クラウドとは何か

柔軟なシステムを迅速に構築可能

自在にスケールアウトできるシステム基盤

メモリ
メモリ
メモリ
プロセッサ
プロセッサ
プロセッサ
ストレージ
ストレージ
ストレージ

メモリ
プロセッサ
ストレージ

ビジネスの規模に応じて柔軟に
スケールアウト／スケールダウン
できる

プラットフォーム

迅速なサービスの構築

本来やりたいこと

従来の工程: 機材の発注 → 納品 → 組上げ配線 → ソフトウェアなどセットアップ → 動作確認 → サービス構築

クラウドでインフラを借りた場合: ソフトウェアなどセットアップ → 動作確認 → サービス構築

クラウドでサービス基盤を借りた場合: サービス構築

chapter 1　データの保管場所

4 データをどこに持つのか

大切なデータだからこそ自前ではなく「雲」の中へ

　ローカルのPCや自社に設置されたサーバにデータを保管する場合、不正アクセスや盗難などへのセキュリティ対策や、機材の故障や火災、天災などによるデータ破損リスクへの対策を、すべて自社で行わなくてはなりません。また、ソフトウェアやハードウェアの更新も行わなければなりませんし、定期的なバックアップなども必要です。しかし、そのために通常の業務が妨げられるのは本末転倒ですし、専門の技術者を雇うのにも高いコストがかかります。

　クラウドを利用するアプリケーションでは、**利用するデータはクラウド内にあるサーバに保存される**ことになります。アプリケーションでは、必要に応じてクラウドからデータを取り出すので、ローカルのPCでデータを持つ必要はありません。文書などのデータだけでなく、ユーザインターフェースの設定や、アプリケーションそのものがクラウドから提供されるケースもあります。たとえば、Webブラウザからアクセスするタイプのはその典型です。この場合、どのPCからでも同じ環境を利用できるというメリットがあります。

　実際のデータの保存先としては、ホスティング事業者などが提供するデータベースサーバやストレージサービスなどを利用するのが一般的です。これらの専門の事業者によって管理されたサーバは、**堅牢なセキュリティ**を持っているだけでなく、大量のアクセスによる**高い負荷にも耐える**ことができます。バックアップやレプリケーション（データの複製を複数のサーバに配置することで信頼性やアクセス容易性を高めること）などにも対応していることが多く、**データの破損リスクを最小限に抑えられます。**

　クラウドにデータを置くことで、アクセスが容易になって利便性が向上するというメリットもあります。たとえばオフィスで作成した文書でも、外出先で簡単に取り出して利用することが可能です。

chapter 1 クラウドとは何か

クラウドを利用したデータの保管

データの確実な保管

Webサーバ
DB
社内文書
個人情報
設定ファイル
共有コンテンツ
…

不正アクセス
盗難
故障
天災
火災

PC
ローカルのPCにはデータは持たない

専門の事業者に任せることでリスクを回避

場所や環境を選ばないアクセス

クラウド

外出先でも使える

普段はオフィスで使っているデータを

スマートフォンでもアクセスできる

19

chapter 1　クラウドの利用環境

5 クラウドの利用に必要なソフトウェア

必要なのはインターネット接続環境とWebブラウザのみ

　クラウドでは、ソフトウェアはインターネットの向こう側にあり、クライアントPCはそれにアクセスするためのユーザインターフェース機能を提供するものという位置づけになります。クラウド上のサービスとクライアントPCとの通信は、通常のWebサーバとWebブラウザ間で使われているのと同じ**HTTP**（HyperText Transfer Protocol）のしくみの上で行われます。したがって、**クラウドで提供されるサービスを利用するためにはWebサイトを閲覧するためのWebブラウザさえあればよく**、ほとんどの場合、**そのほかの特別なソフトウェアは必要ありません。**

　従来のPCであれば、メールソフトやワープロソフト、表計算ソフト、カレンダーやアルバム帳など、目的ごとに異なるソフトウェアをインストールする必要がありました。現在はクラウド上でそれらのソフトウェアと同等の機能を提供するサービスが多数公開されており、Webブラウザを使ってアクセスするだけで、インストール作業などを行うことなく利用することができます。PC環境への依存度が低いので、OSやWebブラウザの種類を気にしなくてよいということも、クラウド型のサービスを利用する大きなメリットと言えます。

　インターネット接続環境とWebブラウザの機能さえ持っていれば、PC以外のデバイスからも簡単に利用することができるというのもクラウドの優れた点です。たとえば、スマートフォンやテレビ、ゲーム機、カーナビなど、インターネット接続機能を持ったデバイスはすでに多数発売されています。これらのまったく異なるデバイスでも、Webブラウザのしくみさえ用意できれば、自宅のPCと同様にクラウドのサービスを利用することができるわけです。

chapter 1 クラウドとは何か

Webブラウザだけでクラウドの利用が可能

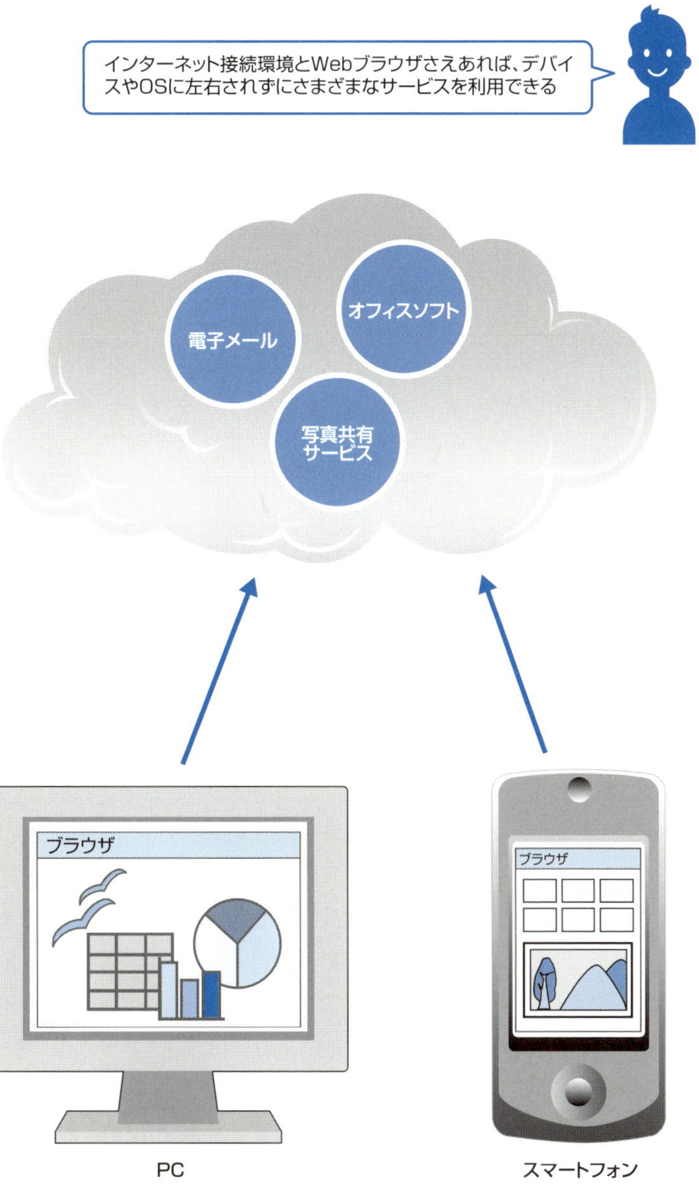

インターネット接続環境とWebブラウザさえあれば、デバイスやOSに左右されずにさまざまなサービスを利用できる

- 電子メール
- オフィスソフト
- 写真共有サービス

PC

スマートフォン

chapter 1　クラウドの内部を知る

6　クラウドを形成するプラットフォーム

クラウドを支える3つの階層

　単にサービスを利用するだけであれば、クラウドの中がどうなっているのかを意識する必要はありません。しかし、クラウド上で何らかのサービスを展開したい場合などには、クラウドを支えるプラットフォームがどのような構造になっているのかを知っておく必要があります。クラウドは多様なサーバやストレージ、その上で動作するミドルウェアやアプリケーションから構成されます。これらは大雑把に「サービス利用層」「サービス提供層」「クラウド基盤層」の3つの階層に分類することができます。

　サービス利用層は、クラウド上のさまざまなサービスを利用して実際に顧客向けにアプリケーションを提供する層です。メールサービスやオフィスソフトサービスなど一般のエンドユーザが利用するサービスはこの層に属します。

　サービス提供層は、サービス利用層のアプリケーションを動作させるための基本となるサービスを提供する層です。アプリケーションを構築するためのプラットフォームや開発ツール、ソフトウェア機能を利用するためのAPIなどを提供します。

　クラウド基盤層は、サーバやストレージなどのハードウェアと、その上で動作するOSやミドルウェアといった基盤ソフトウェアなどを提供する層です。クラウド基盤層では、**分散処理技術**（2-4参照）や**仮想化技術**（2-2参照）などを活用することで、クラウドの本質を支える柔軟性を実現しています。たとえば、サーバの一部の機能を切り分けて提供する**IaaS**（2-8参照）や、システムを停止しないオンデマンドのリソース追加などを実現するためにはこれらの技術が必須となります。そのほか、運用ソフトウェアやセキュリティソリューションなどもこの層に含まれます。

　クラウド上でサービスを提供する際には、そのサービスがどの層に属し、だれをターゲットとして展開するのかを明確にしておくことが重要です。

chapter 1 クラウドとは何か

クラウド内部の構造

クラウドの階層

- サービス利用層 …… エンドユーザ向けアプリケーションの提供
- サービス提供層 …… アプリケーション構築のためのAPIやツール、プラットフォームの提供
- クラウド基盤層 …… サーバやストレージ、ネットワークなどのインフラや運用ツール、セキュリティソリューションなどの提供

エンドユーザ

クラウド基盤層の構造

セキュリティソリューション	アプリ / アプリ / アプリ / アプリ	運用／監視ツール
	分散ミドルウェア／分散データベース	
	OS / OS / OS	
	仮想化ソリューション	
	サーバ / ストレージ / ネットワーク	

仮想化技術や分散処理技術を利用して、スケールアウト／ダウン可能な基盤を実現している

23

chapter 1　クラウドの導入効果

7 クラウドの導入で何が変わるか

クラウドはライフスタイルそのものを変革させる大きな波

　クラウドを導入すれば、「**ITを利用する環境**」そのものが大きく変わります。複雑な処理や大容量データの保存はクラウド側で行えるようになるため、手元のコンピュータは必要最低限の性能さえ持っていれば十分な作業をこなすことができます。これによって、PCの性能に左右されずに高度な機能を利用できるようになりますし、多くの場面でPCに代わって携帯電話やスマートフォン、タブレットPCなどが活用できるようになります。

　これに伴い、「**働き方**」も変わってくるでしょう。クラウドの利用は場所や環境に左右されないため、オフィス以外の場所でも効率的に仕事を進めることができるようになります。また、クラウドを通じて多くの人や企業とコラボレーションすることもできるようになります。

　クラウドは、「**企業経営**」にも大きな変化をもたらします。サーバをはじめとするIT資産の保有や管理を行わなくて済むため、そのためのコストや人材を顧客サービスという本来の仕事に向けることができます。また、クラウドで提供されるサービスを効果的に活用することによって、新規事業の立ち上げやサービスの拡張を迅速に行うことができるようになります。

　「**ライフスタイル**」への影響も考える必要があります。クラウドが普及すれば、家電製品のようにこれまでインターネットへのアクセスが想定されていなかったデバイスも、クラウドを利用する形に進化するでしょう。身の回りのさまざまなアイテムがクラウド上のサービスと連携することによって、より効率的なライフスタイルが実現するかもしれません。

　クラウドはわれわれの生活やビジネスに革新的な変化をもたらす大きな波と言うことができます。**古い習慣や考え方にとらわれず、クラウドが作り出す新しい価値を見定めることが重要です。**

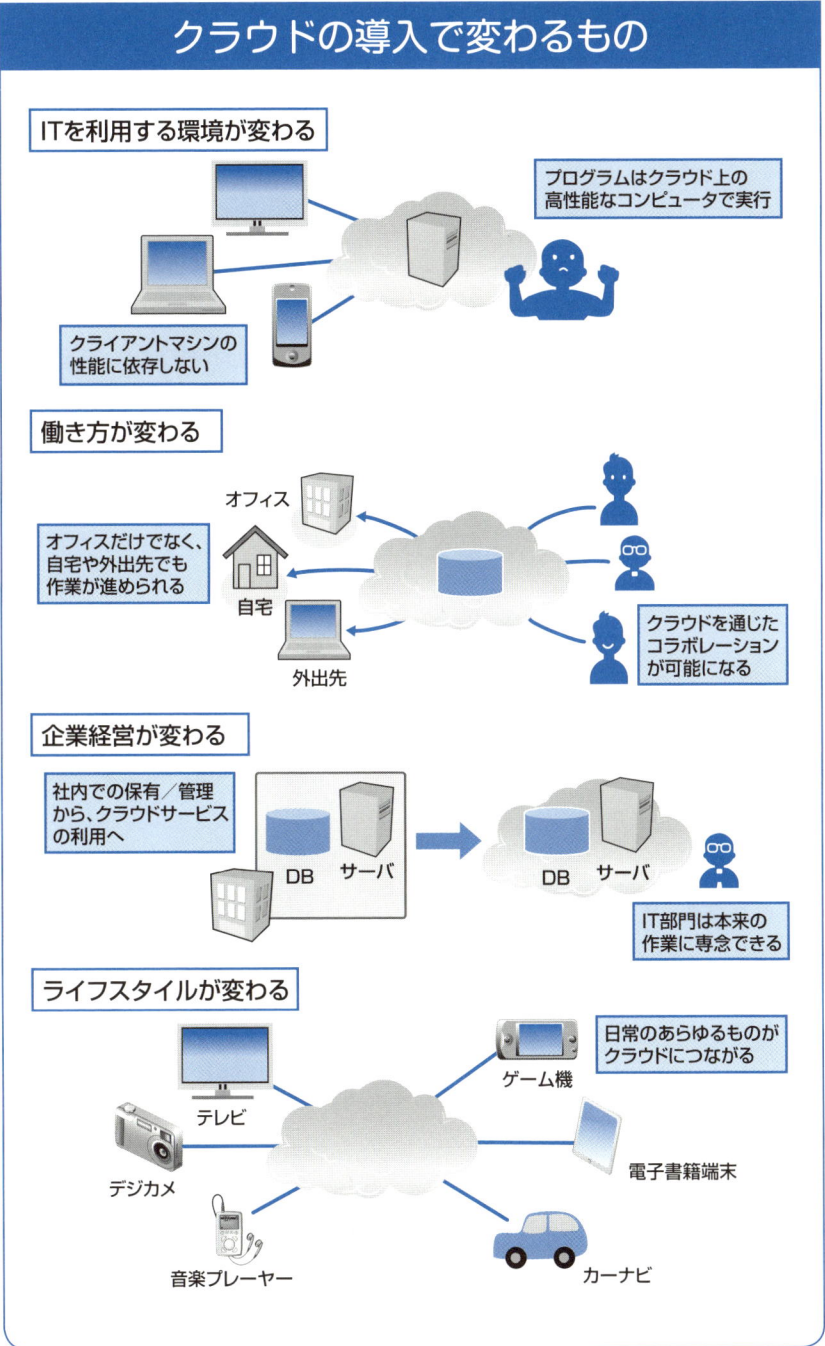

chapter 1 メインフレームからクラウドまで

8 クラウドの歴史

クラウドの考え方はITの歴史の中で自然に発展してきた

　「クラウドコンピューティング」という用語は2006年にGoogleのEric Schmidt氏によって初めて使われたものですが、クラウド的なIT利用の考え方自体はそのずっと以前より存在していました。たとえば、1970年代前半に計算機科学者のAlan Kay氏が提唱した「**パーソナルコンピュータ構想**」には、すでにネットワーク利用を前提としたクラウド的なコンセプトが含まれていました。また「**The Network is The Computer**」という構想を掲げて1983年に創業したSun Microsystems（2010年にOracleが買収）は、ほとんどの処理をサーバ側で行い、クライアント端末には必要最小限の機能のみを持たせる「**シンクライアント**」というコンセプトを打ち出しました。

　1990年代になると、ネットワーク上にあるコンピュータ同士を連携させて1つの巨大な**コンピュータシステム**として利用する「**グリッドコンピューティング**」が注目を集めるようになります。それと同時期に、サーバ側にインストールされたアプリケーションをWebブラウザなどを使って利用できるようにする「**アプリケーションサービスプロバイダ**」（ASP）と呼ばれる事業形態が登場し、後の「**SaaS**」（2-6参照）につながっていきます。

　2000年代中期には、ユーザが積極的な情報発信の場としてWebを利用するようになっていきます。このようなWebの進化をO'ReillyのTim O'Reilly氏が「**Web 2.0**」と名付け、当時の流行語になりました。APIを利用したWebサービス同士の連携もWeb 2.0の潮流の1つとされており、クラウドにおけるサービスの相互利用につながるものです。

　このように**クラウドの概念は時代の流れの中で自然に生まれ、既存の技術を組み合わせる**ことで発展してきたものと考えることができます。

chapter 1 クラウドとは何か

クラウド登場までの歴史的経緯

●メインフレームからクライアント／サーバの時代

1972年　Alan Kayによるパーソナルコンピュータ構想
1983年　Sun Microsystems創業
　　　　「The Network is The Computer」や
　　　　「シンクライアント」といった構想を打ち出す

> ネットワーク接続を前提としたIT利用の形

●インターネット時代の到来

1994年　Cadabra.com（後のAmazon.com）創業

> 後にクラウドの主要プレーヤーとなる企業の登場

●グリッドコンピューティング、ASP、SaaSの時代

1998年　Google創業
1999年　Salesforce.com創業「Salesforce CRM」をスタート
2001年　IBM「グリッドコンピューティング」構想
2002年　Amazon.comがAmazon Web Services（AWS）をスタート

> 代表的なSaaS型サービス

●Web 2.0の時代

2005年9月　Tim O'Reillyによる「Web 2.0とは何か」

> ユーザ参加型のWeb利用へ

●クラウドコンピューティングの時代

2006年3月　「Amazon S3」スタート
2006年6月　Eric Schmidtが「クラウドコンピューティング」
　　　　　　という用語を初めて使用
2006年12月　「Amazon EC2」スタート
2007年7月　Salesforce.comが
　　　　　　「SaaSからPaaSへ」というコンセプトを発表
2008年1月　Salesforce.comが「Force.com」スタート
2008年5月　「Google App Engine」スタート
2008年10月　Microsoftが「Windows Azure」を発表
2010年1月　「ニフティクラウド」スタート
2011年　　Amazon.com、Google、Appleなどの大手ベンダーが
　　　　　相次いでクラウドベースのメディアサービス事業を開始

> クラウド型ストレージ
> 大規模IaaSサービス
> 主要企業が続々とクラウドビジネスに参加し、具体的なクラウドサービスが登場
> 大規模PaaSサービスの数々

27

chapter 1 クラウドの時代へ
9 クラウドが生まれた理由

長い年月をかけてさまざまな課題が解決されていった

　クラウドに似たIT利用のコンセプトは古くからありましたが、なぜ今の時代になって突然「クラウド」という用語が生まれ、注目を集め始めたのでしょうか。それは、**クラウドを現実のものとするためにいくつものクリアしなければならない課題があった**からです。

　1970年代は「**メインフレーム**」と呼ばれるホストコンピュータが主流の時代でした。これは、ホストコンピュータを中央のコンピュータセンターに設置し、リモートにある端末からアクセスして処理を実行するという利用方法であり、ホストコンピュータに処理を依頼するという点ではクラウドに近い形だったと言えるかもしれません。ただし、この頃のコンピュータは非常に高価で、だれでも利用できるというようなものではありませんでした。

　1990年代には個人で使えるパソコンが普及し始めます。ハードウェアの処理能力も向上し、個々の端末でもさまざまな処理が行えるようになりました。しかし、この時代はまだ通信回線が貧弱であり、クラウドのようにネットワークそのものをコンピュータとして使うのは現実的とは言えませんでした。

　2000年代に入るとインターネットが広まり、**通信回線も高速化**し始めます。また、Webブラウザの発達によってインターネット利用におけるOSの違いが解消され、どのプラットフォームに対しても共通のサービスを提供できるようになっていきます。その結果、「データやソフトウェアの処理をサーバ側に預ける」という利用方法が再び普及し始めました。

　インターネット上でサービスを買うという行為が当たり前になったことや、オンラインでのコミュニケーションの手段が発達したこともクラウドの登場に大きくかかわっています。インターネットが身近なものになることで、人々にとってクラウドを生活の中に受け入れる準備が整ったのです。これがクラウド登場の最後の決め手になりました。

chapter 1　クラウドとは何か

コンピュータの利用環境の変遷

メインフレームの時代

リモートの端末から大型の汎用コンピュータに接続して利用していた

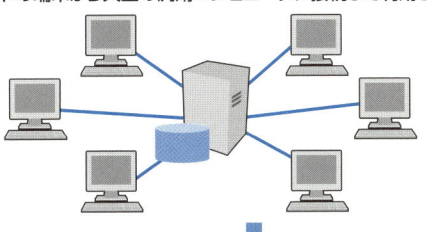

コンピュータは高価で、通信回線も貧弱だったため、用途は限られていた

個人用パソコンの普及

パソコンが高機能化し、手元のパソコンだけでさまざまな処理が可能に

個人用パソコンを単独で使うのが主流の時代

インターネット時代の到来

通信回線が高速化し、インターネットが生活の中に浸透

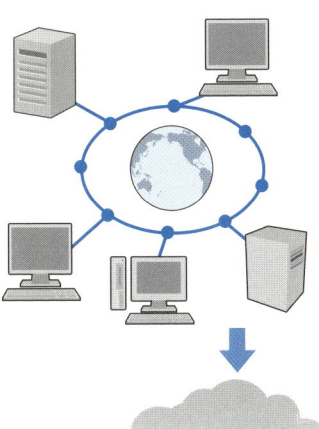

インターネットを使った情報交換やコミュニケーションに対する抵抗感がなくなった

クラウドの時代へ

ネットワーク上にあるサーバやアプリケーションなどのリソースを、自分のコンピュータの一部として利用できるようになった

29

Chapter 1 クラウドの種類を知る

10 クラウドの形態

ニーズに応じてさまざまな形のクラウドが生まれている

一言でクラウドと言っても、現在ではユーザ企業のニーズに応じてさまざまなタイプのクラウドが誕生しています。以下に代表的なクラウドの形を紹介します。

クラウドの形

パブリッククラウド	インターネット上に展開され、一般ユーザを対象に提供されているクラウド。通常、単に「クラウド」と言えばパブリッククラウドを指す
プライベートクラウド	企業が自社内で利用するために構築している専用のクラウド。通常は自社内の部署やグループ企業などに対してサービスを提供するために構築され、限られた場所やネットワークからのアクセスのみ許可するように設定される
ハイブリッドクラウド	パブリッククラウドとプライベートクラウドを組み合わせた構成のクラウド。セキュリティ上重要な部分をプライベートクラウドで運用するなど、状況に応じた柔軟な構成が可能となる
コミュニティクラウド	特定のグループや企業群によって共同運用されるクラウド。パブリッククラウドに見られるセキュリティ上の懸念を解消しつつ、共同運用によるコスト削減を実現することができる
仮想プライベートクラウド	パブリッククラウド上でユーザの領域を仮想的に切り分け、プライベートクラウドであるかのように利用することができるサービス。VPN (Virtual Private Network) などを利用して接続することにより、プライベートなネットワーク内にあるクラウドと同様にアクセスすることができる
マルチクラウド	複数のクラウドサービスをまたいで連携させるクラウドの利用形態。たとえば、複数のクラウドサービスを併用して、仮想マシンのクラスタリングやレプリケーションを実装し、一方のクラウドに障害が発生しても、他方のクラウドでサービスを継続できるようにするなどの構成が考えられる

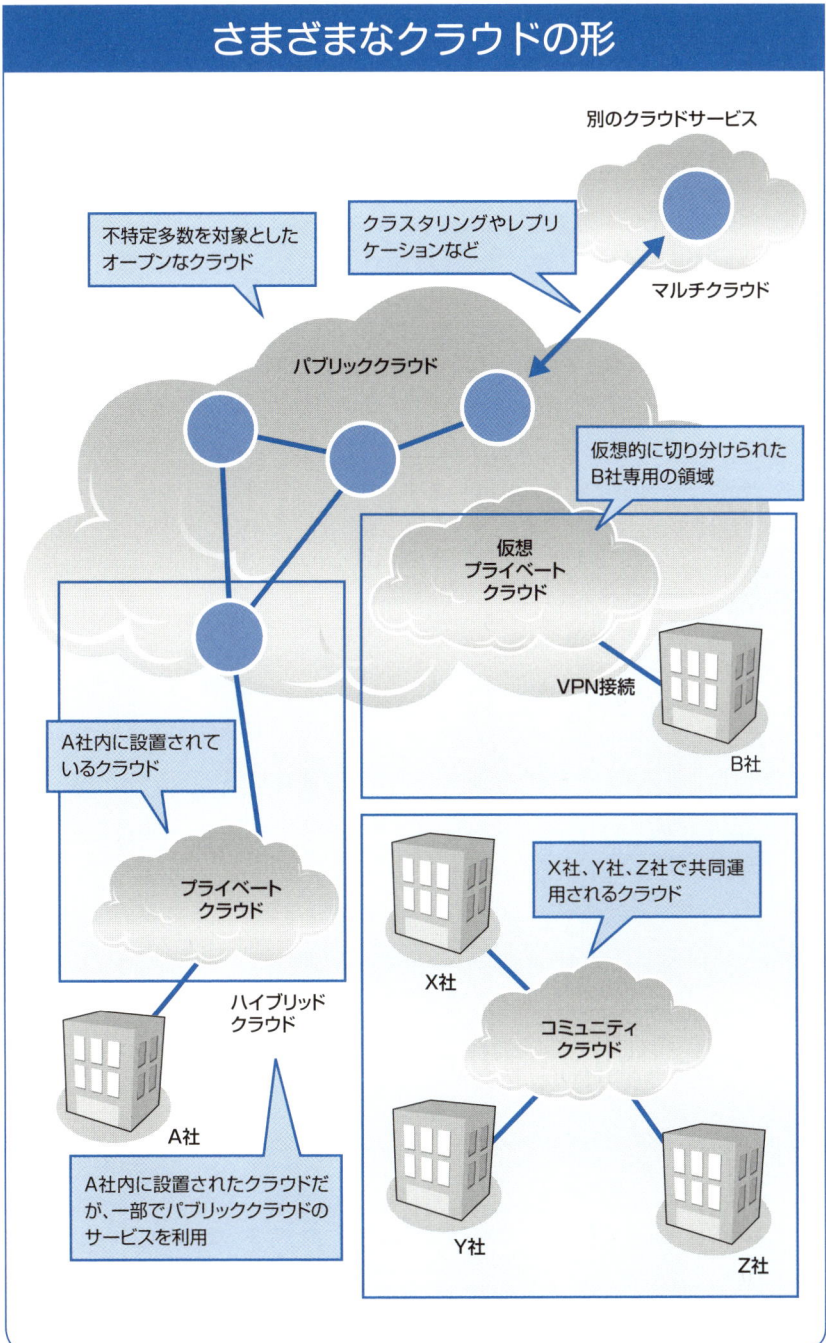

chapter 1 クラウドで提供されるサービスを知る

11 クラウドのサービスモデル

コンピュータのさまざまなリソースをサービスとして利用する

　クラウドでは、従来であれば自前で購入する必要があったさまざまなリソースを、ネットワーク経由でサービスとして提供するというモデルが主流となっています。代表的なサービスモデルとしては以下のようなものがあります。詳しくは、第2章でも解説します。

クラウドのサービスモデル

SaaS (Software as a Service)	ソフトウェアの機能について、必要な機能を必要な分だけサービスとして利用できるようにした提供形態。一般的には、ソフトウェア本体はサービス提供事業者が管理するコンピュータ上で動作させ、ユーザはその機能をネットワーク経由でサービスとして利用する
PaaS (Platform as a Service)	ソフトウェアの開発や実行を行うためのプラットフォームを、ネットワークを介してサービスとして提供するモデル。ユーザはPaaSで提供されるプラットフォーム上に自前でサービスを構築し、第三者に向けて公開することができる。サービスの成長に応じて柔軟にスケールアウトすることができる点などが大きなメリット
IaaS (Infrastructure as a Service)	コンピュータシステムを稼働させるためのネットワークやサーバ資源などのインフラを、仮想化技術を利用することでサービスとして提供するモデル。初期には「HaaS」(Hardware as a Service)と呼ばれていた。PaaSよりも自由度が高く、自前で管理するサーバと同様に扱える点が特徴
DaaS (Desktop as a Service)	クライアントマシン向けに仮想デスクトップ環境を提供するサービスモデル。ユーザはクラウドから自分専用の仮想デスクトップ環境をダウンロードして利用する。どのPCでも同じデスクトップ環境を即座に構築できることや、PC環境の管理をクラウド上に集約して行うことができるというメリットがある

サービスモデルと提供される機能の関係

SaaS／PaaS／IaaSのサービスモデル

アプリケーション
ミドルウェア
OS
ハードウェア
SaaS
おもにエンドユーザ向けのアプリケーションやサービスを提供する
自前で構築する部分
PaaS
自前で構築する部分
IaaS
エンドユーザ

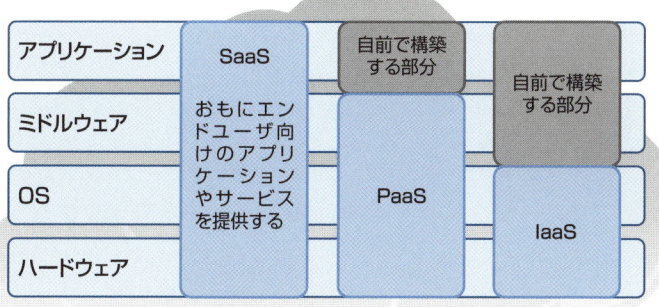

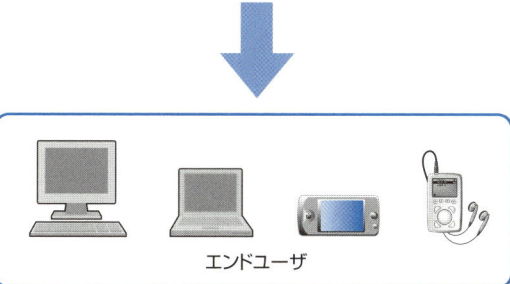

DaaSのサービスモデル

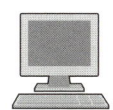

仮想化されたデスクトップ環境を必要に応じてダウンロード
クライアント側で行われた変更はクラウド上のファイルと同期される
実際の処理はクライアントPC上で行われる
仮想デスクトップ環境

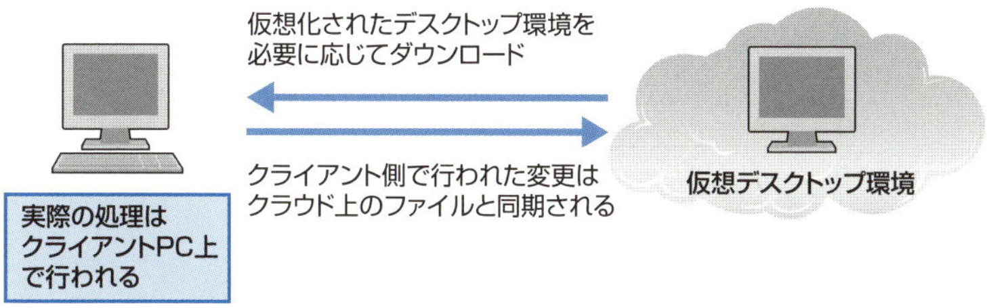

chapter 1 クラウドでソフトウェアもパワフルに

12 ソフトウェアによる クラウド活用

ソフトウェアが内部的にクラウドを利用するケースもある

　クラウドのサービスモデルの中には、ユーザが直接クラウド上のサービスを使うのではなく、**ソフトウェアの内部でクラウドを利用するという形式のものもあります**。たとえば、ソフトウェア本体はクライアント側にインストールしますが、データはローカルのファイルシステムではなくクラウド上のストレージに保存するというような利用方法です。この場合、大切なデータをセキュリティの高いデータセンターに保管できることや、複数のPCでデータを共有できるなどのメリットがあります。

　クラウドで提供されるサービスを部分的に利用する形式のソフトウェアもあります。たとえば、メールの機能のみGmailを利用するというようなケースや、Google Mapsと連携して地図機能をソフトウェアに取り込むなどといったケースです。Webサービスの中には外部向けにAPIが公開されているものも多いため、それらを利用することによってソフトウェアベンダは自前で開発する手間やコストを削減できます。また、ユーザがすでにそのサービスを利用している場合であれば、既存のデータを活用できるなどといったメリットも考えられます。

　そのほかに、**仮想化されたソフトウェアを必要に応じてクラウド経由で配信する**というモデルもあります。ソフトウェアの本体は仮想化されたイメージとしてクラウド上に保管され、必要に応じてクライアントにダウンロードされて仮想環境上で動作するというものです。DaaS（Desktop as a Service）と似ていますが、こちらはデスクトップ環境そのものではなく単体のソフトウェアが対象となります。実際の動作はクライアント側のリソースで行われるため、余計な通信を必要とせず、高いレスポンスで利用できるというのが大きな特徴です。

chapter 1 クラウドとは何か

ソフトウェアによるクラウドの活用の例

ソフトウェアが内部的にクラウドを活用するケース

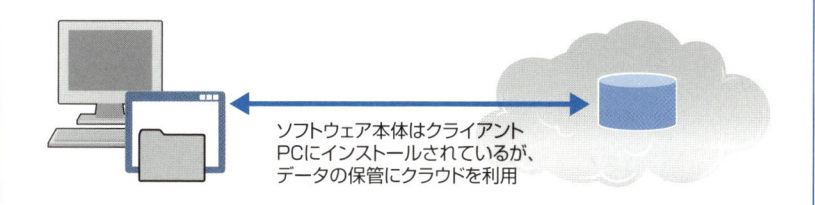

ソフトウェア本体はクライアント
PCにインストールされているが、
データの保管にクラウドを利用

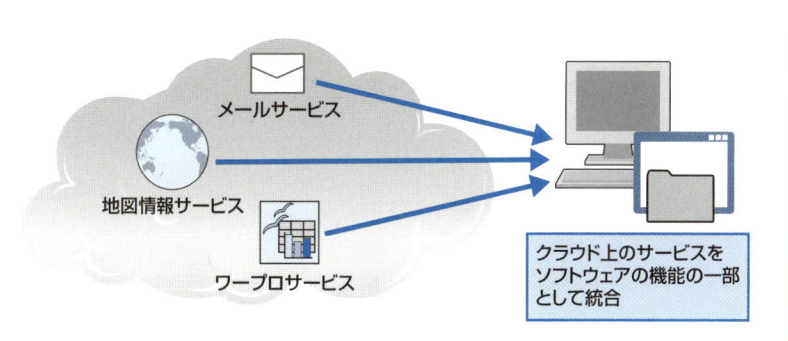

メールサービス

地図情報サービス

ワープロサービス

クラウド上のサービスを
ソフトウェアの機能の一部
として統合

仮想化されたアプリケーションを提供するサービス

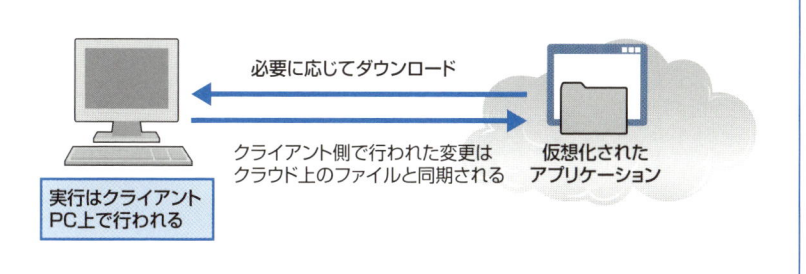

必要に応じてダウンロード

クライアント側で行われた変更は
クラウド上のファイルと同期される

仮想化された
アプリケーション

実行はクライアント
PC上で行われる

35

chapter 1 大企業にとってのクラウドとは

13 大企業とクラウド

どの範囲までクラウドに移行するかの見極めが鍵

　企業にとってクラウドを利用するメリットは、IT資産を保有する場合に生じるコストやリスクを削減できるということです。しかし、自社でデータセンターを保有できる規模の大企業にとっては、必ずしもクラウドへの移行がコストメリットにならないという指摘もあります。システムの規模が大きい場合、クラウドサービスを利用するコストが、自社でデータセンターを運用するコストを上回るケースがあるからです。

　そこで大企業にとっては、**自社システムの補完や補強のための手段としてクラウドを利用する**のが現実的だと言えます。たとえば、時期によって負荷が大きく変わる処理や、短期間の大容量データ処理などはクラウドの得意とする分野なので、それに関連する機能だけをクラウドに移行するといった使い方が考えられます。また、アクセスが急増した場合の退避手段としてクラウドを利用するというような使い方もあります。

　いずれにせよ一番重要なことは、**システムのどの部分を自社で運用し、どの部分をクラウドに任せるのか、その範囲を正しく見極めること**です。自社のシステムの特性とクラウドのメリット／デメリットを考慮して、詳細な分析を行ったうえで方針を決める必要があります。

　上記のほかに、自社で大規模なITインフラとその運用ノウハウを持つ企業であれば、そのリソースをクラウドサービスとして外部に貸し出すという形でのクラウドへのかかわり方もあります。社内用に開発されたシステムの一部機能をSaaS形式で外部に公開したり、データセンターのリソースをPaaSやIaaSとして利用できるようにするといった形です。従来型のホスティング事業などに比べるとオンラインで完結するサービスとして展開できるため参入の障壁が低く、余剰リソースや蓄積されたシステム運用ノウハウを有効に活用する手段として注目されています。

chapter 1 クラウドとは何か

クラウドの運用効果を考える

クラウドが効果的でない例

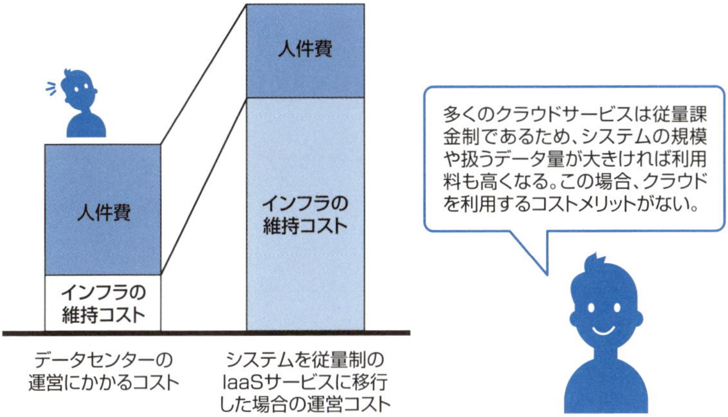

人件費

人件費

インフラの
維持コスト

インフラの
維持コスト

データセンターの
運営にかかるコスト

システムを従量制の
IaaSサービスに移行
した場合の運営コスト

多くのクラウドサービスは従量課金制であるため、システムの規模や扱うデータ量が大きければ利用料も高くなる。この場合、クラウドを利用するコストメリットがない。

クラウドが効果的な例

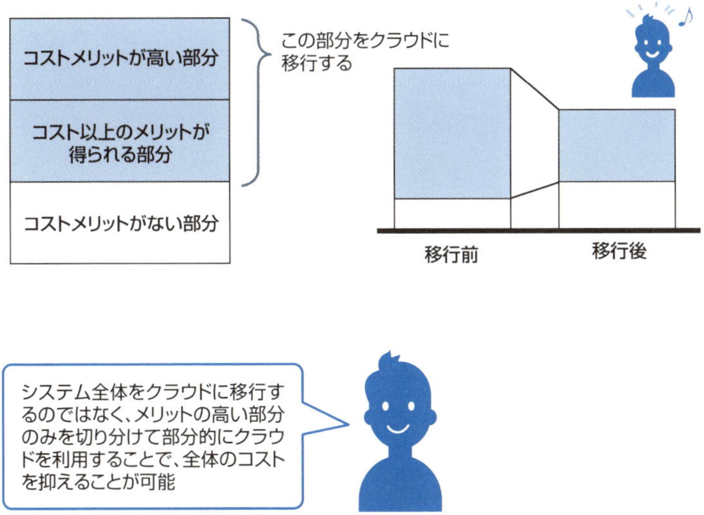

コストメリットが高い部分

コスト以上のメリットが
得られる部分

コストメリットがない部分

この部分をクラウドに
移行する

移行前　　　移行後

システム全体をクラウドに移行するのではなく、メリットの高い部分のみを切り分けて部分的にクラウドを利用することで、全体のコストを抑えることが可能

37

chapter 1 中小企業にとってのクラウドとは

14 中小企業とクラウド

ビジネスの合理化によるコスト削減を実現できる

　中小企業にとっては、クラウドは**ビジネスの合理化によるコスト削減を実現するための強力な武器**と考えることができます。経済状況や市場ニーズの影響を受けやすい中小企業では、コスト削減を実現しながらも、同時にビジネスの機動力を確保することが不可欠です。必要なときに必要なだけ利用できるクラウドサービスならば、ビジネスを迅速かつ柔軟に変化させていくことが可能になります。

　中小企業におけるクラウド利用のおもな例が、**社内で利用しているシステムやソフトウェアをクラウドサービスに移行する**というものです。たとえば、財務会計や販売管理のシステムなどは、SaaS型のサービスやプライベートクラウドを利用すれば、自前でサーバを立てて運用する必要がなくなります。必要なリソースだけを借りることで運用コストを最適化することができますし、社員の増加や一時的な負荷の変動などにも柔軟に対応することができるようになります。

　また、煩雑なライセンス管理やバージョンアップなどを専門の業者に任せられる点も大きなメリットです。特に出来合いのソフトウェアをそのまま利用しているスタイルの会社では、クラウドへの移行を検討する価値が高いと言えるでしょう。

　ビジネスとして外部向けのサービスを提供している場合には、その運用基盤としてSaaSやPaaSを利用できます。新しいサービスを始めたい場合でも、スタート時は最小限のリソースのみを借りておき、アクセスが増えてきたらリソースを追加していくという「**スモールスタート**」が可能です。初期投資やサーバの運用コストを抑えることができれば、その分を本来のサービスのために使うことができます。この場合は、何が顧客のためになるのかを考え、それに合ったカスタマイズができるサービスを選ぶことが重要です。

chapter 1 クラウドとは何か

サーバ維持の悩みをクラウドで解決

自社サーバで管理

多くのIT資産

よくある悩み
・インフラの維持コストが高い
・サーバの保守作業が本来の業務を圧迫している
・システム管理に習熟した人材が足りない
・etc……

↓ クラウドの利用で解決

パブリッククラウド

PaaSやIaaSを利用した社外向けサービスの展開

SaaSによるソフトウェアの利用

必要に応じてシステムの規模を増減できるほか、専門の技術者に管理を任せることができる

プライベートクラウド

社外秘の情報などを扱うシステムなどにはプライベートクラウドを利用するのがよい

社内向け業務システムの展開

chapter 1　個人ユーザにとってのクラウドとは

15　個人ユーザとクラウド

多様なSaaS型サービスでIT利用の可能性が広がる

　個人ユーザの多くは、**クラウドという用語を意識していなくても、さまざまなクラウドサービスをすでに利用している**ことが多いでしょう。たとえば、Googleが提供しているメールサービスの「Gmail」やオフィスドキュメントサービスの「Googleドキュメント」はSaaS型サービスの一種です。写真共有サービスの「Flickr」や、マイクロソフトが提供している「Windows Live」なども、個人の利用者が多いSaaS型サービスと言えるでしょう。

　これらのサービスは、インターネット接続環境とWebブラウザさえあれば簡単に利用することができるため、**特定のソフトウェアをインストールすることなくデスクトップをパワフルな環境に変える**ことができます。自分のPCでなくても利用できるので、ネットカフェやモバイル環境など、外出先での利用が多い人にとっては特に有用なサービスです。最近ではWi-Fiなどを活用することでリアルタイムにクラウドにつながるしくみを提供しているデジタル機器もあり、ユーザの可能性を広げるものとして注目されています。

　Webブラウザ経由ではなく、専用ソフトウェアによってクラウドにつながるという形もあります。オンラインストレージサービスの「Dropbox」などがその一例と言えるでしょう。Dropboxの場合は、専用のプログラムをインストールすることで、ローカルのフォルダとオンラインのフォルダを同期させるというしくみになっています。

　クラウドはアプリケーションの開発者にとっても強力な武器になる存在です。PaaSやIaaSの利用によって、**自分でサーバを用意することなくサービスを開始したり自作のソフトウェアを公開したりできる**からです。無料プランや安価なプランを用意しているサービスも多数あり、個人の開発者にとっての新しい表現の場として活発に利用されています。

chapter 1 クラウドとは何か

IT利用の可能性が大幅に広がる

クラウドによって個人のIT利用の可能性が大きく広がる

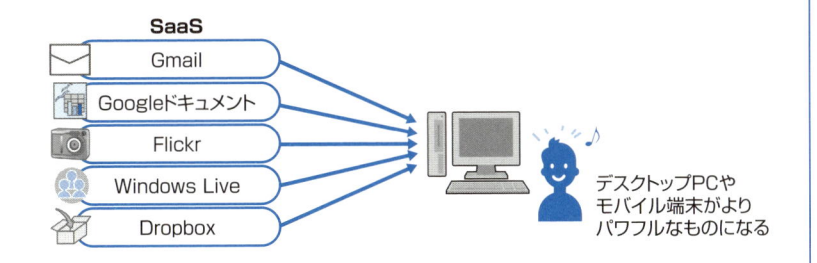

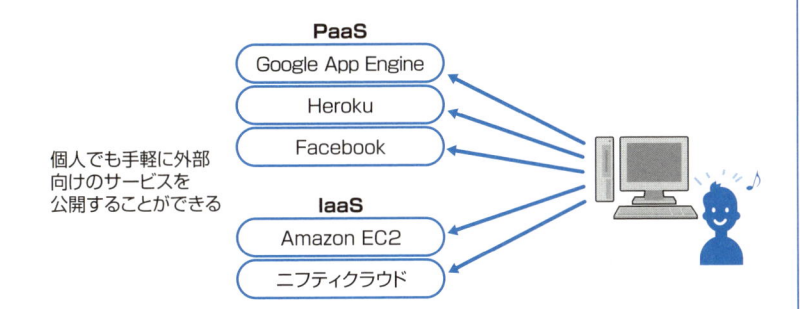

SaaS
- Gmail
- Googleドキュメント
- Flickr
- Windows Live
- Dropbox

デスクトップPCや
モバイル端末がより
パワフルなものになる

PaaS
- Google App Engine
- Heroku
- Facebook

個人でも手軽に外部
向けのサービスを
公開することができる

IaaS
- Amazon EC2
- ニフティクラウド

さまざまなデバイスがクラウドにつながる

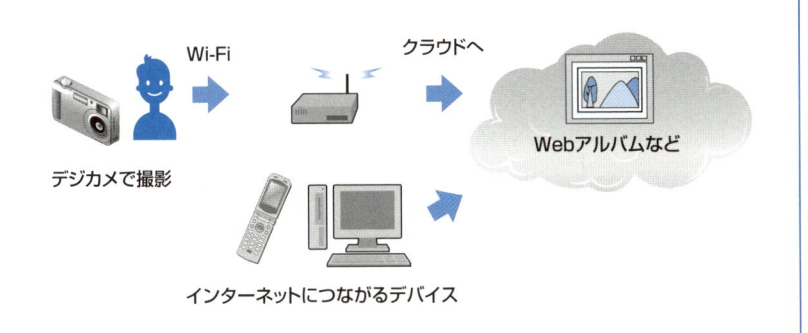

デジカメで撮影 → Wi-Fi → クラウドへ → Webアルバムなど

インターネットにつながるデバイス

41

COLUMN

大規模災害とクラウド

2011年3月11日、日本の東北地方は未曾有の大災害に襲われました。地震と津波に加え、電力不足による停電や流通の混乱による製品の入荷不足など、その影響は日本全国の至る場所、業界に及びました。IT業界も例外ではありません。地震によってサーバが故障するケースや、停電の影響でシステムを停止せざるを得ないケース、津波でシステムそのものが流されてしまったケースなど、さまざまな損害が相次ぎました。このような状況下にあって、クラウドの価値にあらためて注目が集まりつつあります。企業や自治体が独自にITインフラを管理するよりは、クラウドに情報やシステムを預けたほうが、事業の継続性や情報の安全性が保たれるのではないかという考え方が浸透し始めました。信頼できるデータセンターの要件には、当然ながら耐震性や非常電源の設置なども含まれているからです。

また、今回の震災では情報発信の面でもクラウドが大きな役割を果たしました。被災者情報や自治体の発信する情報など、重要な情報が集まるWebサイトにはアクセスが集中し、その結果としてサーバがダウンしてしまう危険があります。しかしクラウドであれば、そのようなアクセスの急増に耐えることができます。クラウドベンダは迅速な対応を見せました。自社のクラウドサービスを無償提供して、災害支援者による情報発信に利用できるようにしたのです。エンジニアもそれに応じ、クラウド上に独自の支援サービスを構築することなどで被災者の支援を開始しました。

多数のアクセスがあっても対応可能な柔軟なリソース、すぐにアプリケーションを作れるプラットフォームという、クラウドの能力を最大限に発揮した格好になったわけです。

2 chapter

クラウドのしくみ

本章では、クラウドを実現するために使われているさまざまな技術や、クラウドを利用するうえで理解しておくべき技術などについて解説します。クラウドの能力を最大限に活用するためには、これらの技術に対する理解が不可欠です。

Chapter 2　クラウドを構成するために使われる技術要素

1 クラウドを支える技術

鍵となるのは「仮想化」と「分散処理」

　クラウドを構成するうえで欠かせない技術要素の1つに「**サーバ仮想化**」(2-2参照)があります。サーバ仮想化とは、「**1台の物理サーバの上に複数の仮想的なサーバを構築し、それぞれがあたかも1台のサーバであるかのように扱う技術**」のことです。複数のサーバの処理を1台のマシン上に集約できるためハードウェア設備の最適化が可能であるという点や、物理サーバに比べて容易に増減させることができるため急激なアクセスの変動にも柔軟に対応できる点などが大きなメリットです。

　仮想化と並んでクラウドの実現に不可欠な技術が「**分散処理**」(2-4参照)です。これは、「**ユーザからの要求を複数のサーバに分割して処理する技術**」です。大量の計算を必要とする大規模処理でも、複数のサーバに分散させることによってすばやく結果を導き出すことができます。クラウドでは、この技術を活用することで大量の要求を効率良く処理しています。

　分散処理技術はデータを格納するためのストレージにも利用されます。「**分散ストレージ**」と呼ばれる、大量のデータを複数のストレージサーバに分割して格納する技術です。大量のデータを効率良く格納/管理できるほか、データ量の変化に対して柔軟にストレージ容量を増減できることや、万が一のトラブルの場合にも影響範囲を最小限に抑えられることなどがメリットとして挙げられます。

　これらの技術を組み合わせることによって、データセンターにある物理リソースをすべて統合的に扱い、その上に仮想サーバによる自由な構成のシステムを用意することができます。サーバの追加などのリソース割り当ての変更もすべて仮想環境上で行うことができます。クラウドの場合、ユーザの要望に応じて処理能力やストレージ容量の割り当てを柔軟に変更できなければならないため、このような技術が必要不可欠なものになっているわけです。

chapter 2 クラウドのしくみ

クラウドの実現に不可欠な技術

サーバ仮想化

物理サーバ
仮想サーバ群

外部からはそれぞれ独立したサーバのように見える

サーバの追加も、物理マシンに手を加えることなく仮想環境上で行える

分散処理

ユーザからの処理要求を小さなタスクに分割し、複数のサーバに分散させて処理したうえで、結果を集約して返す

ユーザ → 処理要求 → タスク → 仮想サーバ群 → 結果

分散ストレージ

ユーザ ← 仮想ストレージ ← ディスク

ユーザからは1つの独立したストレージに見える

データを複数のディスクに分散して格納する

45

chapter 2 仮想化による柔軟なシステムの構築

2 仮想化とは

1台のマシン上に複数のサーバを構築することでITリソースを最適化できる

　仮想化とは、「**物理的なコンピュータの上に、独立してOSやアプリケーションを稼働させられる擬似的なコンピュータを構築するしくみ**」のことです。仮想化を実現するためのソフトウェアのことを「**仮想化ソフトウェア**」、コンピュータ内の仮想化された環境のことを「**仮想環境**」、仮想環境上で動作する論理的なコンピュータのことを「**仮想マシン**」と呼びます。また、仮想化ソフトウェアが動作するOSのことを「**ホストOS**」、仮想マシン上にインストールされたOSのことを「**ゲストOS**」と呼びます。

　仮想マシンは現実のコンピュータが持つ命令セットなどを模倣するため、その上にインストールされたホストOSやアプリケーションからは、あたかも実際のコンピュータの上で動作しているように見えます。したがって、従来使っていたOSやアプリケーションはそのまま仮想マシンに移植できます。

　仮想化を利用して仮想環境上にサーバシステムを構築することを「**サーバ仮想化**」と呼びます。サーバ仮想化によって、従来は複数のコンピュータで構築されていたサーバ環境を、1台のコンピュータに集約することができます。また、仮想マシンは物理マシンに比べて増設や移動が容易であり、リソース割り当てなどの自動化も可能なため、システムの構成を状況に応じて迅速に変更することが可能になります。柔軟なスケーリングが必要なクラウドシステムにとって、サーバ仮想化は必要不可欠な技術です。

　クラウドではストレージに対する仮想化もよく利用されます。これは、物理ストレージのリソースを1つのプールとして集約することによって、ネットワーク上に分散配置されたディスク領域を単一のストレージとして利用できるようにするしくみです。サーバ仮想化と同様に、ストレージ領域の柔軟な管理が可能になるというメリットがあります。

chapter 2 クラウドのしくみ

仮想化を利用したサーバ環境

仮想化のイメージ

- 仮想マシン
- 利用状況に応じて仮想マシンを追加したり
- 別の仮想環境に移動したりといった柔軟な対応が可能
- コンピュータ

ストレージの仮想化

- ストレージプール
- 仮想ストレージ
- データ1
- 高速なディスクサーバ
- データの特性に応じた柔軟なディスクの構成が可能
- サーバ
- 仮想ストレージ
- データ2
- データ3
- 安価／大容量なディスクサーバ
- 物理ディスク間でデータの場所を移動したとしても、仮想ストレージ上のデータの場所を変更する必要がない

47

chapter 2　さまざまな仮想化の方式

3　仮想化の種類

仮想化のしくみは1つではない

　仮想化を実現するための方法には、システムのどのレイヤで仮想化するかによっていくつかの種類があります。代表的なものを紹介します。

仮想化を実現するための方法

ファームウェアによる仮想化 製品例： ● IBM Logical Partitioning ● HP vPars	ファームウェアにインストールされた仮想化ソフトウェアによって、ゲストOSに対してハードウェアリソースを割り当てることにより、それぞれのOSが独立して動作できるようにする。仮想化によるオーバーヘッドが最小限に抑えられる反面、リソース割り当ての自由度は低い
ハイパーバイザ 製品例： ● VMware ESX Server ● Citrix XenServer ● Microsoft Virtual Server	コンピュータとBIOSの間で動作する仮想化ソフトウェアによって、ホストOSに対するリソースの割り当てや競合の防止などを行う。ハイパーバイザそのものは非常に小さなソフトウェアであり、コンピュータのリソースをほとんど消費しない。ハイパーバイザ本体は仮想環境を管理するためのツールを含まないため、別途仮想マシンモニタまたは仮想マシンコントローラと呼ばれる管理ツールを利用する必要がある。仮想化ソフトウェアがハードウェアの上で直接稼働する「タイプ1」と、ホストOSの上で稼働する「タイプ2」がある
OSレベルの仮想化 製品例： ● Linux-VServer ● FreeBSD jail ● OpenVZ	OSを仮想化し、その上でコンテナと呼ばれるゲストOSを複数実行できるようなしくみの仮想化ソフトウェア。ホストOSとゲストOSは同一だが、ホストOS上のアプリケーションからはそれぞれ独立したシステムとして認識される。1つのOSでさまざまな構成のアプリケーション環境を構築したい場合に利用する
アプリケーションの仮想化 製品例： ● Microsoft Application Virtualization ● Citrix XenApp	アプリケーションごとに隔離された環境で動作させるしくみの仮想化ソフトウェア。各アプリケーションが専用の仮想マシン上で動作するため、他のアプリケーションの影響による誤動作などを防ぐことができる

chapter 2　クラウドのしくみ

代表的な仮想化技術

ファームウェアによる仮想化

アプリケーション	アプリケーション
ゲストOS	ゲストOS
ファームウェア	仮想化ソフトウェア
ハードウェア		

ハイパーバイザ（タイプ1）

仮想マシンコントローラ	アプリケーション	アプリケーション
管理OS	ゲストOS	ゲストOS
ハイパーバイザ（仮想化ソフトウェア）		
ハードウェア		

ハイパーバイザ（タイプ2）

仮想マシンコントローラ	アプリケーション	アプリケーション
	ゲストOS	ゲストOS
ハイパーバイザ（仮想化ソフトウェア）		
ホストOS		
ハードウェア		

OSレベルの仮想化

アプリケーション	アプリケーション
ゲストOS	ゲストOS
仮想化ソフトウェア	
ホストOS	
ハードウェア	

アプリケーションの仮想化

アプリケーション	アプリケーション
仮想化ソフトウェア	
ホストOS	
ハードウェア	

49

chapter 2 大量のサーバを組み合わせて利用する

4 分散処理とは

複数のサーバを1つのコンピュータのように扱う

　分散処理とは、「複雑な計算などの処理を、ネットワークで接続された複数のコンピュータを利用して同時並列的に実行する手法」です。1台のコンピュータでは処理しきれないような複雑な計算でも、問題を分割して複数のコンピュータで同時に処理することによって、短時間で結果を導き出すことができます。もともとは暗号解読などの大規模な計算のために発達した技術でしたが、近年では性能の低いコンピュータを複数台つなげることによって十分なスループットを実現するという目的でも利用されています。

　分散処理を行う場合、問題を複数の小さな部分問題に分割し、得られた結果を最後に集めて統合する必要があります。このとき、部分問題同士に依存関係があると、情報交換のための通信が必要になるほか、同期処理によるオーバーヘッドが発生します。したがって、個々の部分問題はできるだけ独立した形になっていたほうが処理効率が良くなります。また、コンピュータの数が増えるほど、問題を分割することによるオーバーヘッドが大きくなるという問題点もあります。

　通常、クラウドシステムでは複数の仮想サーバ（2-2参照）が稼働する物理サーバによって構成されます。したがって、物理サーバの何倍もの数のサーバが稼働していることになります。分散処理を利用すれば、この大量のサーバに効率良く計算処理を割り振ることができます。計算の規模によって使用するサーバの数を変えるといった柔軟な割り当ても可能になるわけです。

　クラウドの理想型は、インターネット上に構築された1つの巨大なコンピュータであるかのように動作することです。そのためには、内部で稼働している個々のサーバの構成をユーザに意識させないしくみが必要になります。それを実現するのが分散処理技術です。

chapter 2 クラウドのしくみ

分散処理のしくみ

分散処理のイメージ

計算
1つの計算を複数の部分問題に分割

タスク →
タスク →
タスク →
タスク →

それぞれを独立したタスクとして個別のコンピュータで処理

コンピュータ間では必要に応じて最小限の通信や同期を行う

結果
最後に、それぞれの計算で得られた結果をまとめる

仮想化と分散処理を組み合わせる

1台の物理マシンには複数の仮想サーバが稼働している

処理要求1 → → 結果1

処理要求2 → → 結果2

リソースに余裕のある仮想サーバを選んで処理を分散させればよい

51

chapter 2 インターネットサービスの基本形
5 Webアプリケーションとは

クラウド上のサービスはWebアプリケーションの一種

　Webサーバ上で動作し、「**インターネットの機能や特徴を利用したサービスを提供するアプリケーション**」のことを総称して「**Webアプリケーション**」と呼びます。また、Webアプリケーションによって提供されるサービスを「**Webサービス**」と呼びます。Webメールやブログ、オンラインバンキング、検索サイト、インターネットショッピングサイト、ソーシャルネットワークサービス（SNS）などは、身近なWebサービスの例と言えます。

　Webアプリケーションは、通常のWebページと同様に**HTTP**（HyperText Transfer Protocol）のしくみを利用して提供されます。そのため、ユーザはWebブラウザを利用してWebページを閲覧するのと同じ感覚でWebアプリケーションを利用することができます。ローカルのPCに特定のアプリケーションをインストールする必要がないため、どのPCからアクセスしても利用できる点が大きなメリットです。またアプリケーションの提供側としても、ユーザにアップデートなどの作業を課することなく、すべてWebサーバ上で管理できるというメリットもあります。

　インターネット技術の発達に伴って、従来はデスクトップアプリケーションとして販売されていた製品でも、近年ではWebアプリケーションとして提供されるようになってきました。Webブラウザ上での表現力も、JavaScriptやFlash、Silverlightなどを駆使することによって、デスクトップアプリケーションと遜色ないレベルにまで向上しています。クラウド上で提供されているさまざまなサービスも基本的にはインターネットのしくみを利用して提供されており、Webブラウザから利用することができるので、広い意味ではWebアプリケーションの一種と言うことができます。

chapter 2 クラウドのしくみ

Webアプリケーションのしくみ

通常のWebサイトの閲覧

ユーザからのリクエストに対して、Webサーバが指定されたコンテンツを返す

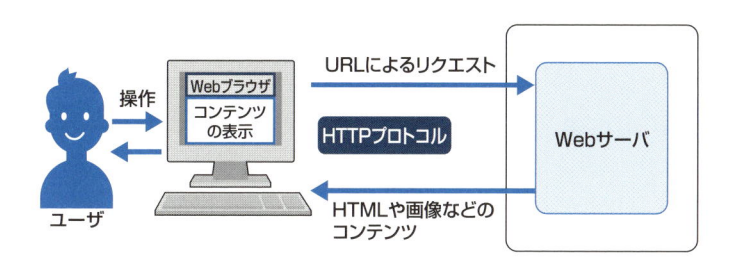

- 操作
- Webブラウザ
- コンテンツの表示
- URLによるリクエスト
- HTTPプロトコル
- Webサーバ
- HTMLや画像などのコンテンツ
- ユーザ

Webアプリケーションのしくみ

ユーザからのリクエストに対して、サーバ側でプログラムを実行し、動的に生成したコンテンツを返す

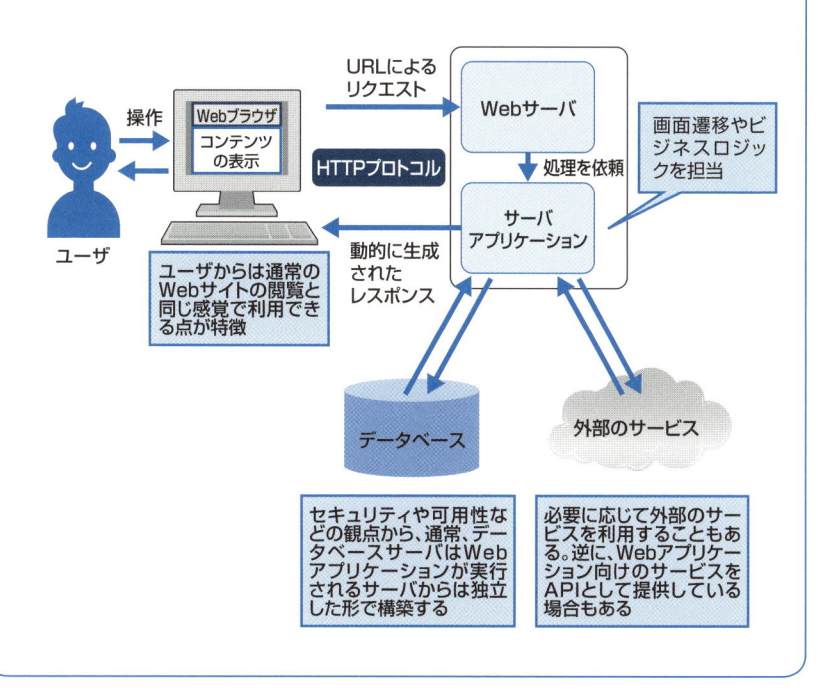

- 操作
- Webブラウザ
- コンテンツの表示
- URLによるリクエスト
- HTTPプロトコル
- Webサーバ
- 処理を依頼
- サーバアプリケーション
- 動的に生成されたレスポンス
- ユーザ
- データベース
- 外部のサービス

ユーザからは通常のWebサイトの閲覧と同じ感覚で利用できる点が特徴

画面遷移やビジネスロジックを担当

セキュリティや可用性などの観点から、通常、データベースサーバはWebアプリケーションが実行されるサーバからは独立した形で構築する

必要に応じて外部のサービスを利用することもある。逆に、Webアプリケーション向けのサービスをAPIとして提供している場合もある

chapter 2　サービスとしてのソフトウェア

6　SaaSとは

ソフトウェアの機能をサービスとして提供する

　SaaSとは、「**Software as a Service**」(**サービスとしてのソフトウェア**)の略で、従来のようにユーザ側のPCにアプリケーションソフトウェアを導入するのではなく、「**サーバ側で稼働させたソフトウェアの機能をネットワーク経由でユーザに提供するしくみのサービス**」を指す用語です。多くの場合、SaaSにはWebブラウザによってアクセスできるため、場所や環境を選ばずに利用できます。そのほかに、専用のクライアントソフトウェアをインストールして利用する形態のサービスや、Webブラウザ向けと専用クライアントの両方のUIが用意されているサービスなどもあります。

　SaaSの利用者は、**ソフトウェアの全機能ではなく必要な機能だけを選んで使うことができ、利用状況に応じた分の料金を支払います**。自前でソフトウェアを購入する場合と違って、不要な機能のためのコストを削減できる点や、バージョンアップをはじめとする運用／保守面での手間を省ける点などが大きなメリットです。一方で、万が一サーバやネットワークに障害が発生した場合には一切の機能が利用できなくなるため、導入の際には可用性やレスポンス性能などのサービスレベルについて十分に検討することが重要です。

　SaaSには、企業内で利用する業務アプリケーションの機能を提供するものから、個人でも利用できる単体のアプリケーション機能を提供するものまで、さまざまな規模のサービスがあります。業務向けSaaSの例としては、財務会計管理や文書管理、人事管理、CRM (Customer Relationship Management)、Eコマース、社内コラボレーションサポートなどが挙げられます。個人向けのものとしてはメールやワープロ、表計算、Webアルバム、ストレージサービスなど非常に幅広い種類があり、近年では企業が業務用に採用している事例も多く見られます。

chapter 2 クラウドのしくみ

ソフトウェアの機能をサービスとして利用する

SaaSの利用イメージ

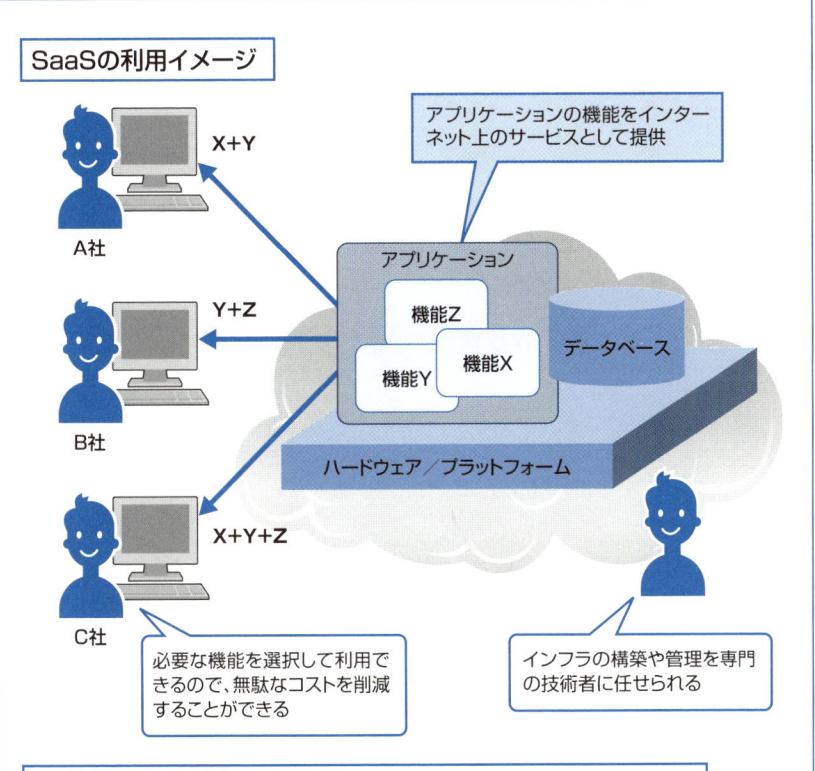

アプリケーションの機能をインターネット上のサービスとして提供

A社 X+Y
B社 Y+Z
C社 X+Y+Z

アプリケーション（機能X、機能Y、機能Z）
データベース
ハードウェア／プラットフォーム

必要な機能を選択して利用できるので、無駄なコストを削減することができる

インフラの構築や管理を専門の技術者に任せられる

従来のASP（Application Service Provider）とSaaSの違い

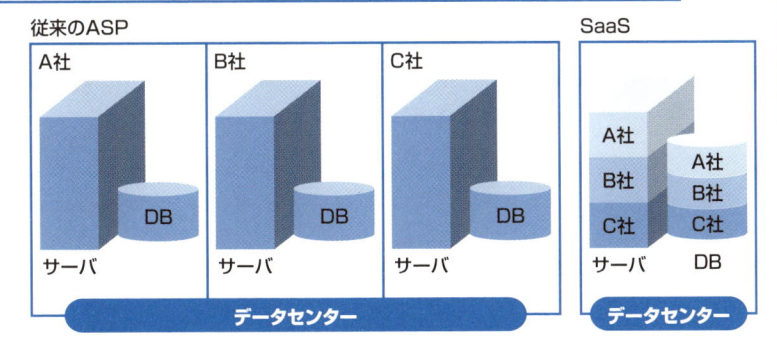

従来のASP

A社　サーバ／DB
B社　サーバ／DB
C社　サーバ／DB
データセンター

SaaS

A社・B社・C社　サーバ／DB（A社・B社・C社共有）
データセンター

従来は顧客ごとにサーバやデータベースを用意するのが一般的だったのに対し（ASP、P.80参照）、SaaSでは複数の顧客でサーバやアプリケーションのリソースを共有する「マルチテナント」スタイルが一般的

55

chapter 2　サービスとしてのプラットフォーム

7 PaaSとは

アプリケーションの稼働環境をサービスとして提供する

　PaaSは、「**Platform as a Service**」の略で、「**アプリケーションを構築／稼働させるためのプラットフォームをネットワーク経由で提供するサービス**」を指す用語です。PaaSでは、アプリケーションの実行環境やデータベース、ネットワークインフラ、開発ツール、運用ツールなどが提供され、ユーザはそれを利用して自前のアプリケーションを構築することができます。

　通常、インターネット上で何らかのサービスを提供するためには、サーバ機器やデータベース、OS、ミドルウェアなどの環境を整える必要があります。PaaSを利用することによって、開発者はこれらの構築作業や保守作業を省略し、サービスの開発という本来の作業に専念することができるようになります。一方で、IaaS（2-8参照）とは異なり、利用できるプログラミング言語や開発ツール、運用環境などがある程度限定されてしまうため、その制限の中でどのようにして目的のシステムを構築するかという点が課題になってきます。

　PaaSを利用するもう1つのメリットは、最小限の投資でサービスを開始できるということです。新しいサービスを始める場合、それが将来的にどの程度成長するのかを見積もることが難しく、結果としてインフラに拡張の余地を設ける必要が生じます。PaaSであればリソースの追加や削除が容易にできるため、サービス規模の見積りが難しい場合でも余剰リソースを意識する必要がありません。

　代表的なPaaSとしては、Googleの「Google App Engine」（4-2参照）や、Salesforce.comの「Force.com」（4-6参照）、Microsoftの「Azure Platform Service」（4-8参照）などが挙げられます。また、SNSのFacebookやミクシィなどが提供するアプリケーションプラットフォームも、広い意味ではPaaSの一種としてとらえることができます。

Chapter 2 クラウドのしくみ

プラットフォーム機能をサービスとして利用する

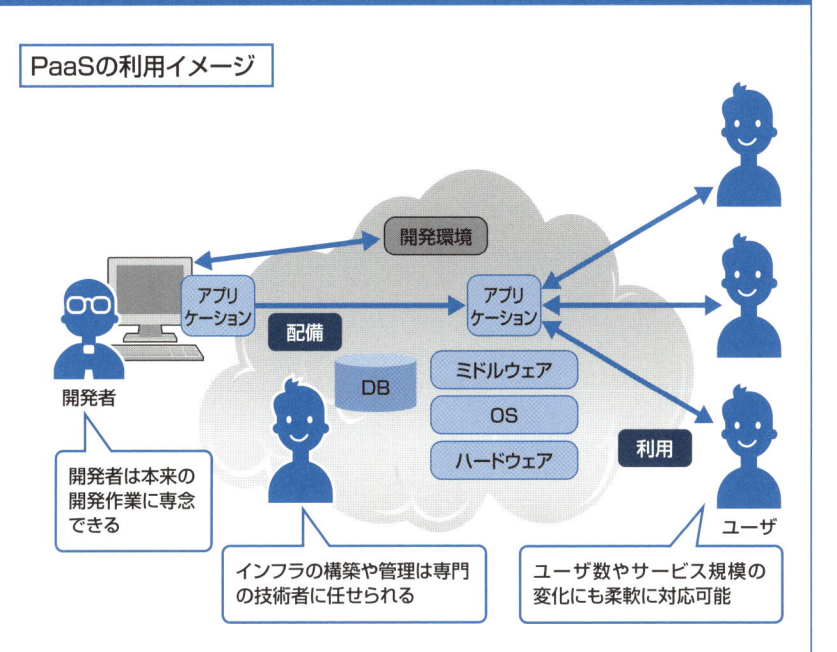

PaaSの利用イメージ

- 開発者は本来の開発作業に専念できる
- インフラの構築や管理は専門の技術者に任せられる
- ユーザ数やサービス規模の変化にも柔軟に対応可能

代表的なPaaSサービス

※2011年6月現在

サービス名／提供企業	OS	プログラミング言語	データベース	開発環境
Google App Engine／Google	Linux	Java、Python、Go（試験的サポート）	BigTable（非RDBMS）	Google App Engine SDK、Eclipse（Java用）
Force.com／Salesforce.com	独自OS	Apex Code（Javaに似た独自言語）	Force.comデータベース（OracleベースのRDBMS）	Developer Edition、Visualforce（UI開発）、本番環境のクローン作成
Azure Service Platform／Microsoft	Windows Azure	C#、VB、PHP、ASP.NETなど、.NETでサポートされる言語	SQL Azure（SQL ServerベースのRDBMS）	Visual Studio
Heroku／Salesforce.com	Linux	Ruby	PostgreSQL（RDBMS）	コマンドラインツール、Ruby on Rails
VMForce／Salesforce.com+VMware	独自OS	Java	Force.comデータベース（OracleベースのRDBMS）	Eclipse+Springフレームワーク

サービスによって利用できる環境が大きく異なるので、要件に応じてよく検討する必要がある

57

chapter 2　サービスとしてのインフラ

8　IaaSとは

システムのインフラをサービスとして提供する

　IaaSは、「**Infrastructure as a Service**」の略で、「**コンピュータシステムの構築および運用のためのインフラそのものをインターネット経由で提供するサービスの総称**」です。「**HaaS**」（Hardware as a Service）と呼ばれることもあります。

　IaaSによって提供されるのは、サーバ設備やネットワーク機器などのハードウェア、ストレージ、OSなどといった、コンピュータシステムのもっとも基盤となる部分です。ユーザはこれらの設備を自身で用意することなく、使用したいリソースやストレージ容量などを選択し、その上に自前のシステムを構築することができます。一般的に、**IaaSの利用料金は使用したCPU時間やストレージ容量、データ転送量などに応じて決まります**。

　通常、IaaSの環境は仮想化技術（2-2参照）を利用して構築されています。すなわち、物理サーバ上に複数の仮想マシンを搭載し、それぞれの仮想マシンをユーザに対して貸し出すという形式です。仮想マシンに割り当てるリソースは動的に変更できるほか、仮想マシンごと別の物理サーバに移動させることもできるなど、物理サーバそのものを貸し出す場合に比べて、ユーザの要求に柔軟に対応することができます。

　ユーザから見れば、仮想マシンは自分専用のサーバ環境そのものであるため、独立したサーバマシンを借りているのと同様の感覚で利用することができます。OSについては、自前で自由にインストールできる形式のほかに、あらかじめインスタンスとして用意されたものを起動できるという形式もあります。SaaSやPaaSに比べればきわめて自由度の高いサービスですが、その反面、**ユーザ側にもサーバ管理の知識がなければ運用することはできません**。

　代表的なIaaSとしては、Amazon.comの「Amazon EC2」（4-3参照）や、ニフティの「ニフティクラウド」（4-11参照）などがあります。

chapter 2　クラウドのしくみ

インフラの一部をサービスとして利用する

IaaSの利用イメージ

それぞれの仮想マシンを、ユーザごとに専用のサーバとして利用できる

仮想化を利用することで、ハードウェア資源の制限にとらわれない柔軟なシステム構成を可能にする

A社 → 環境構築 → 仮想サーバ

仮想化レイヤ

ハードウェア　ハードウェア　ハードウェア

環境構築 ← B社

ネットワーク

仮想ストレージ

仮想化レイヤ

DBサーバ　DBサーバ

IaaSによるサービスの構築

サービス事業者（IaaSのユーザ）

構築した環境をイメージファイルとしてストレージに保存することができる

複数台のサーバを用意し、ロードバランサを使うことで負荷を分散できる

仮想イメージ → 環境構築 → 仮想サーバ ← ロードバランサ ← ファイアウォール ← エンドユーザ

仮想ストレージ

59

chapter 2 サービスとしてのデスクトップ

9 DaaSとは

デスクトップ環境をサービスとして提供する

　DaaSは、「**Desktop as a Service**」の略で、**デスクトップ仮想化技術を利用して構築された仮想デスクトップ環境をサービスとして利用できるようにする、クラウドのサービス形態の1つです**。デスクトップ環境そのものをクラウド上に置くことで、どこからアクセスしても常に同じPC環境を使うことができるというのが、DaaSのコンセプトです。

　通常、DaaSではクラウドにあるサーバ上に仮想マシンを設置し、その上にユーザごとのデスクトップ環境を構築します。ユーザはクライアントPCからそのデスクトップ環境にアクセスして利用します。クライアントPC側ではクラウド上の仮想デスクトップを利用するためのソフトウェアが必要となりますが、アプリケーションやデータはサーバ側から読み込むため、クライアント側には保持されません。

　DaaSで利用されるデスクトップ仮想化技術としては、**VDI**（Virtual Desktop Infrastructure）やクライアントハイパーバイザ（2-3参照）などがあります。VDIはサーバ側の仮想マシン上でOSやアプリケーションを実行し、その結果をクライアント側に送信して表示できるようにするしくみです。ユーザからの入力はただちにサーバに転送されます。処理のほとんどがサーバ側で行われるためクライアントPCの負荷が小さいというメリットがある反面、レスポンス性能がネットワーク速度に依存するという問題があります。

　クライアントハイパーバイザは、デスクトップ環境を構築している仮想マシンをサーバ側からまるごとクライアントPCに読み込んで利用するしくみです。VDIと違ってアプリケーションの実行はクライアント側で行われるため、サーバの処理能力やネットワーク速度に依存しないというメリットがあります。サーバ側の仮想マシンはクライアントに読み込まれた仮想マシンと同期されます。

chapter 2　クラウドのしくみ

デスクトップ環境をサービスとして利用する

VDIによるDaaSのしくみ

ユーザからの入力操作はサーバ上の仮想マシンに転送される

クライアントPC側にはアプリケーションやデータを保持しない

クライアントPC

サーバ上の仮想マシンの実行結果をクライアントPCで表示する

アプリ / OS / 仮想マシン
アプリ / OS / 仮想マシン
仮想化ソフトウェア
ハードウェア

デスクトップ環境はクラウド上の仮想マシンに構築／展開される

クライアントハイパーバイザによるDaaSのしくみ

仮想マシンのイメージをダウンロードしてクライアントPCに読み込む

実際のOSやアプリケーションの実行はクライアントPCのリソースで行われる

クライアントPC

クライアント側で行われた変更はクラウド上のファイルと同期される

アプリ / OS / 仮想マシン
アプリ / OS / 仮想マシン
仮想化ソフトウェア
ハードウェア

61

chapter 2　クラウドと安全に通信する

10　VPNとは

暗号化を利用してセキュアな通信経路を確保する

　VPNは、「Virtual Private Network」の略で、「**オープンなネットワークの中に仮想的にプライベートなネットワークを構築するしくみ**」のことです。インターネットなどのオープンなネットワークを使って通信する場合、途中でデータを盗み見られたり改竄されたりする危険があります。「**VPNを使えば第三者が盗み見たり改竄したりすることができないセキュアな通信が可能になる**」ため、企業の通信網の構築などに利用されています。

　一言でVPNと言ってもそのしくみにはさまざまなものがありますが、中でもインターネットを利用するVPNを「**インターネットVPN**」と呼びます。インターネットVPNでは、「**データの暗号化**」「**通信経路のトンネリング**」、そして通信相手が本物かどうかを確かめる「**認証**」などの技術を組み合わせることによって、第三者によるなりすましや盗み見、改竄を防止します。トンネリングとは、データをカプセル化して受け渡しすることによって、途中の経路や通信方式に依存しないで通信するしくみのことです。VPNでは、このカプセル化の際に暗号化を併用します。

　企業の業務システムにクラウドを利用する場合、機密情報の扱いには特に慎重にならなければいけません。プライベートクラウドであればローカルなネットワーク内に構築できますが、パブリッククラウドやバーチャルプライベートクラウドはインターネットの中に存在するため、必要に応じてセキュアな通信経路を確保する必要があります。インターネットVPNはそのような場合にきわめて有効であり、最近ではVPNによる通信をサポートしたクラウドサービスも増えてきています。

　VPNを利用するには、VPNをサポートした**ゲートウェイ**を導入します。クライアントPCでは、ゲートウェイの機能を持ったVPNソフトウェアを使うことでVPNを利用することができます。

VPNによるセキュアな通信

VPNのしくみ

暗号化とトンネリング、認証を利用して、仮想的なプライベートネットワークを実現する

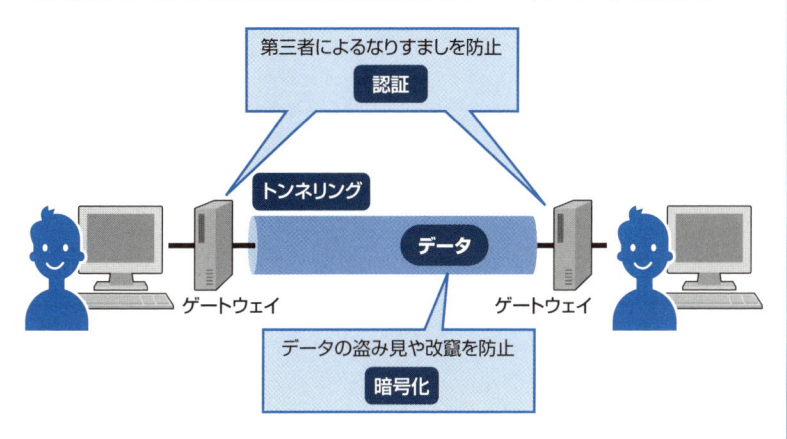

第三者によるなりすましを防止
認証

トンネリング
データ

ゲートウェイ　　　　　　　　ゲートウェイ

データの盗み見や改竄を防止
暗号化

VPNを使ってクラウドに接続する

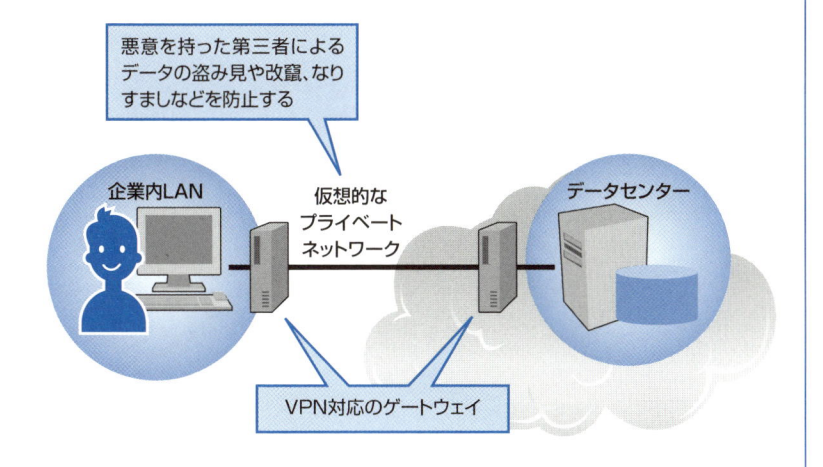

悪意を持った第三者によるデータの盗み見や改竄、なりすましなどを防止する

企業内LAN　　仮想的なプライベートネットワーク　　データセンター

VPN対応のゲートウェイ

chapter 2 サーバはサービス提供の基本的要素

11 サーバとは

サーバはクライアントに対してサービスを提供する

「**ネットワークを経由してクライアントに対してサービスを提供する役目を担っているコンピュータやソフトウェア**」を総称して「**サーバ**」と呼びます。Webサイトを公開するためのサーバであれば「**Webサーバ**」、データベースシステムのためのサーバであれば「**データベースサーバ**」といった具合に、提供するサービスの種類ごとに「〇〇サーバ」という使われ方をするのが一般的です。クラウドは、非常に多くのサーバから構成されるサービスの集合体です。

通常、サーバはコンピュータにサーバ用のOSをインストールし、その上でサービスを提供するためのソフトウェアを稼働させることによって運用します。OSとしては、安定性や信頼性を重視したサーバ専用のOSが利用されます。ソフトウェアは提供したいサービスごとに用意します。Webサイトを運営するためにはWebサーバ用のソフトウェアを、データベースを運用したいのであればデータベースソフトウェアを利用します。1台のサーバで異なる複数のサービスを提供することもできます。ただし、その場合は1台のサーバへの負荷が大きくなるほか、あるサービスへの負荷の増大が他のサービスのレスポンスに影響するといった問題が発生します。

サーバに使うコンピュータとしては、従来は専用のハードウェア（サーバマシンやアプライアンスと呼ばれる機器など）が利用されていましたが、近年ではPCにサーバ用OSをインストールして利用するケースも増えてきています。そのようなサーバを「**PCサーバ**」と呼びます。また、仮想化技術（2-2参照）を利用し、仮想マシンをサーバ用コンピュータとして利用することもあります。仮想マシンを利用したサーバは、物理マシンに比べてスケールアップ／スケールアウト（3-9参照）が容易なことや、特定のサービス専用のサーバが構築しやすいことなどから、クラウドサービスでは標準的に利用されています。

chapter 2 クラウドのしくみ

サーバによるサービスの提供

サーバはサービスの提供者

サーバ

クライアントにサービスを提供する

クライアント

クラウド内のサーバのイメージ

仮想マシンが1台のサーバを構成

クライアント

実際のサービスはサービス用のソフトウェアによって提供される

ソフトウェア / ソフトウェア / ソフトウェア
OS
仮想マシン

ソフトウェア / ソフトウェア / ソフトウェア
OS
仮想マシン

外部のサービス

別のサーバによるサービスと連携して、1つのサービスを提供することもある

仮想化ソフトウェア

ハードウェア

DBサーバ

データベースもサーバの一種

65

chapter 2 クラウドを利用する
12 クラウドに接続するデバイス

あらゆるデバイスがクラウドにつながる

　クラウドの強みは、「**Webブラウザとインターネットに接続できる環境さえあれば、さまざまなサービスが利用できる**」という点です。ハードウェアの性能が向上したことに伴って、近年では身の回りのさまざまな製品がある程度の計算能力を持ったコンピュータを搭載するようになりました。それに加えて、インターネットが身近になり、インターネット接続機能を備えた製品も増えてきています。このことは、さまざまなデバイスがクラウドを利用するためのインターフェースになり得ることを意味しています。

　現時点で、クラウド上のサービスと連携する機能を持った身近なデバイスには、PCや携帯電話／スマートフォンのほかに、タブレットPC、デジカメ、ゲーム機、オーディオ機器、電子書籍端末などがあります。それ以外にも、カーナビをはじめとする車載機器や、テレビ、デジタルフォトフレーム、デジタルサイネージ（電子看板）など、多くのデバイスにおいてクラウド対応が進められています。

　クラウドへの接続を前提として動作するデバイスも登場しています。クラウド上のサービスとシームレスに連携し、あたかもそのデバイスがもともと持っている機能であるかのように、多様なサービスを利用できるというものです。さまざまなシーンにおいて、さまざまな機器を利用してクラウドにアクセスできる時代が訪れています。

　いろいろなデバイスがクライアントになるということは、サービスの提供側からすれば「**それぞれのデバイスに対応した機能やユーザインターフェースを用意しなくてはならない**」ということでもあります。プロセッサの性能や画面のサイズ、主要な利用目的、インターネットへの接続方法など、デバイスごとに条件が大きく異なるからです。既存のデバイスはもちろん、今後登場する新しいデバイスにも対応できる柔軟さが求められることになります。

chapter 2 クラウドのしくみ

さまざまな機器からクラウドを利用できる

あらゆるデバイスがクラウドとつながる

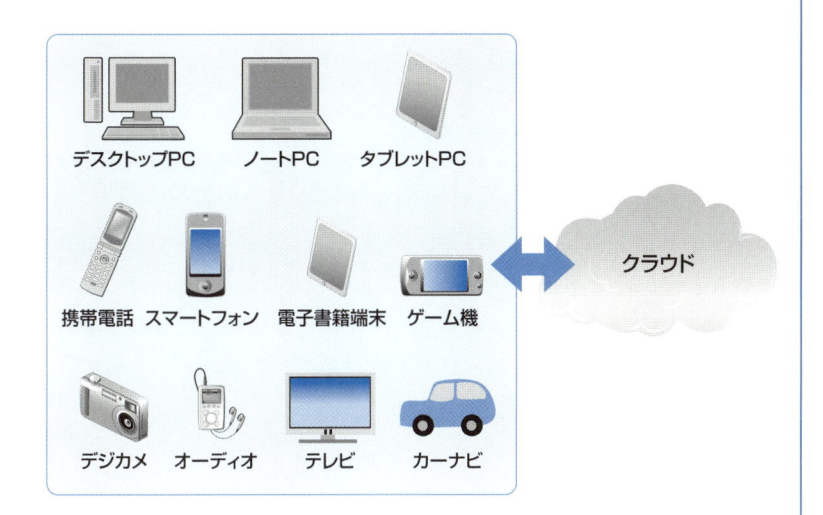

デスクトップPC　ノートPC　タブレットPC

携帯電話　スマートフォン　電子書籍端末　ゲーム機

デジカメ　オーディオ　テレビ　カーナビ

クラウド

デバイスごとの最適化が必要

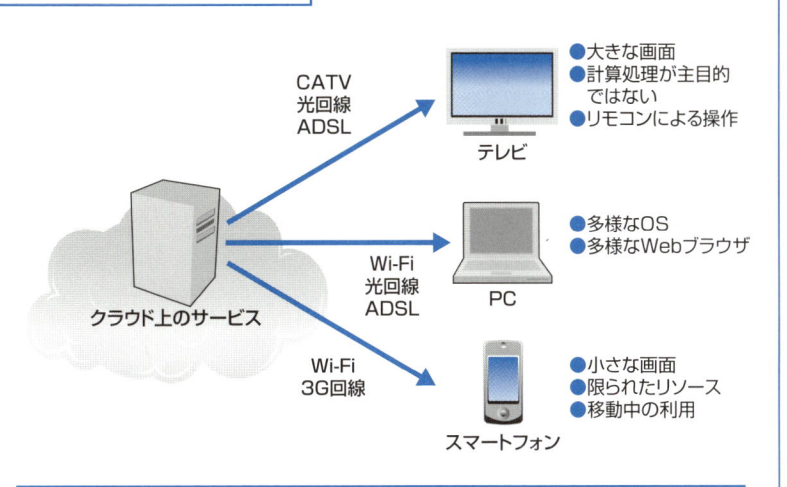

CATV
光回線
ADSL

クラウド上のサービス

テレビ
- 大きな画面
- 計算処理が主目的ではない
- リモコンによる操作

Wi-Fi
光回線
ADSL

PC
- 多様なOS
- 多様なWebブラウザ

Wi-Fi
3G回線

スマートフォン
- 小さな画面
- 限られたリソース
- 移動中の利用

サービスの提供者は、クライアントとしてさまざまなデバイスを想定しなければならない

chapter 2　クラウド用のアプリケーション開発

13 クラウドを生かす プログラミング言語

鍵となるのは分散並列処理のサポート

　クラウドの持つパワーを生かしたシステムを開発するためには、柔軟にスケールできることを意識しなければいけません。そのためには「**並列的な分散処理を適切に行えることが重要**」になります（2-4参照）。この分散並列処理が可能であれば、複雑な計算や大量データ処理の際には必要な分のリソースを借りてくるといったことが可能だからです。しかしながら、実際に並列計算に対応したプログラムを組むことは容易ではありません。

　そこで近年では、分散並列処理を適切に行うためのツールやライブラリが登場するようになりました。並列処理を実装するための複雑さを隠蔽し、プログラマの負担を軽減するというものです。このようなツール／ライブラリで使われる手法として現在主流なのが、Googleによって考案された「**MapReduce**」（2-14参照）です。現在ではJavaやC++、Python、Rubyといった主要な言語で、MapReduceやそれと同様の機能を有する**フレームワーク**（Hadoop、fairyなど）を利用することができます。

　ライブラリではなく言語そのものが並列計算をサポートしていれば、より簡単に並列処理を記述することができます。そこで注目されているのがErlangやScala、Google Goなどといった「**関数型言語**」と呼ばれる言語です。これらの言語にはもともと「**大きな処理を小さなプロセスに分割して実行する**」ための機能が用意されています。つまり、言語自体が分散並列処理のしくみを持っているので、プログラマが強く意識しなくても自然な形での実装が可能だということです。そのため、最近では関数型以外の言語に対して関数型言語の思想を取り入れて拡張しようという動きも現れはじめています。クラウドの登場によって、プログラミング言語の潮流にも大きな変化が訪れているのです。

chapter 2 クラウドのしくみ

プログラミング言語とクラウド

さまざまなプログラミング言語における分散並列処理の実現

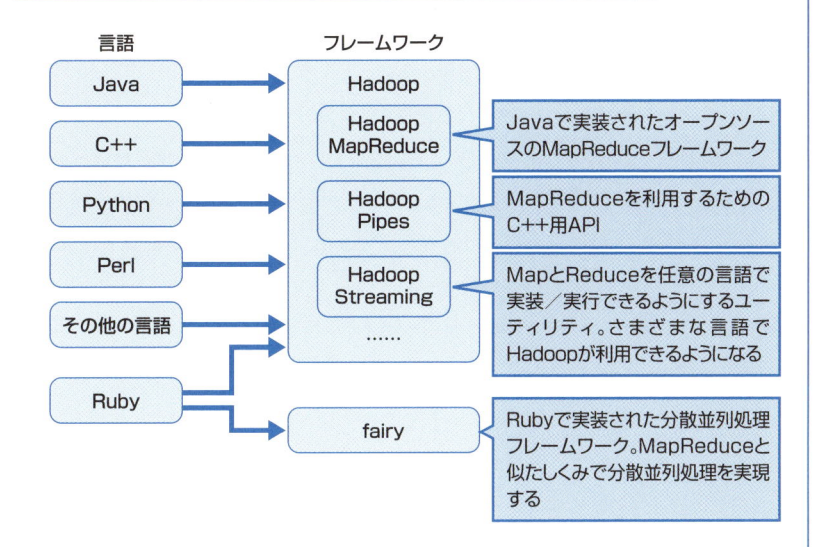

言語	フレームワーク	
Java	Hadoop	
C++	Hadoop MapReduce	Javaで実装されたオープンソースのMapReduceフレームワーク
Python	Hadoop Pipes	MapReduceを利用するためのC++用API
Perl	Hadoop Streaming	MapとReduceを任意の言語で実装／実行できるようにするユーティリティ。さまざまな言語でHadoopが利用できるようになる
その他の言語	……	
Ruby	fairy	Rubyで実装された分散並列処理フレームワーク。MapReduceと似たしくみで分散並列処理を実現する

注目を集めている関数型言語

- **Erlang** …… 並列処理指向の言語で、分散環境における実行を前提に設計されている。耐障害性（フォールトトレラント）機能や無停止稼働をサポートし、ある程度のリアルタイム性も備えている

- **Scala** …… オブジェクト指向と関数型の両方の特徴を持つマルチパラダイム言語。標準ライブラリとしてErlangに似た並列処理のしくみが提供されている。Java仮想マシンの上で動作し、既存のJavaプログラムやJavaライブラリを利用できる

- **Google Go** …… Googleが開発中の新しい並列処理言語。並列処理の記述が容易な点や、言語仕様のシンプルさ、コンパイルの速さなどが特徴

- **F#** …… Microsoftが開発中の.NETプラットフォーム向けの新しい関数型言語。並列処理や非同期処理を考慮して設計されている。.NETクラスライブラリの作成や利用が可能

chapter 2 Googleが考案した分散並列処理技術

14 MapReduceとは

MapReduceは分散並列処理の要

　MapReduceは、「**大量のデータを複数のコンピュータで並列的に処理すること**を目的としたソフトウェアフレームワーク」です。Googleの技術者によって考案され、同社のサーバにおけるデータ処理に利用されていた技術ですが、一般に公開されたことによってこれを利用したさまざまなツールやライブラリが開発されました。

　MapReduceでは、「**Mapフェーズ**」と「**Reduceフェーズ**」という2段階のフェーズで処理を実行します。Mapフェーズでは、入力として与えられたデータを分解し、それぞれを個別の**Workerノード**に渡して処理を実行します。Workerノードからさらに複数のWorkerノードに処理を割り振る場合もあります。ここでのポイントは、それぞれのMap処理は他のMap処理とは完全に独立していて、お互いの処理に影響を及ぼさないということです。そのため、それぞれをWorkerノードに別々のコンピュータのリソースを割り当て、並列的に処理することもできるようになっています。

　Reduceフェーズでは、それぞれのWorkerノードによる処理の結果を集約し、最終的な結果を導き出します。Reduce処理についても、それぞれを個別に並列実行することが可能です。もし何らかの理由で処理が中断してしまった場合でも、その処理を再スケジュールして別のコンピュータが代わりに行うなど、耐障害性についても考慮した作りになっています。

　「**MapReduceは1台のコンピュータでは処理しきれないような大量のデータを扱うことを目的としたもの**」です。クラウドシステムの内部では常に大量のデータが行き交っているため、ときに膨大な量のデータを一度に処理しなければならない場合もあります。MapReduceはそのようなデータ処理をきわめて効率良く行うことができる技術として注目を集めています。

chapter 2 クラウドのしくみ

MapReduceのしくみ

MapReduceの考え方

Mapフェーズ　Reduceフェーズ

> Mapフェーズで情報を複数に分解して処理し、Reduceフェーズでその結果を集約して解を導く。それぞれの処理は独立しており、別々のコンピュータで処理することも可能

MapReduceの実施例

Mapフェーズ
①問題を複数のパートに分解

Reduceフェーズ
③各パートの結果を集約する

問題:
入力された図形の集合から、それぞれの図形の数を調べる

②パートごとに個別に処理を行う

chapter 2　データベースもクラウド対応に
15 クラウドに適したデータベースシステム

スケール可能なデータベースシステムに注目

　ITシステムに利用されるデータベースシステムとしては、長年にわたって**リレーショナルデータベース (RDB)** がスタンダードになっていました。RDBではスキーマによって厳密なデータ定義を行うことができますが、その反面、変化に対する柔軟性に欠けるという欠点を持っています。また高速な分散処理が必要な場面では、データ間の結び付きを表現するためのテーブルの結合処理（JOIN演算）などがボトルネックになることでも知られています。

　クラウドシステムでは自在にスケールできるということが最大の武器になるため、「変化に対する柔軟性」は非常に大きなポイントです。そこで近年注目されているのが「**NoSQL**」(2-16参照) と呼ばれるものです。NoSQLは「**RDBではないデータベース全般**」を指す用語であり、特定のデータベースの呼び名ではありません。したがって、NoSQLと言ってもさまざまな種類が存在するのですが、JOINのような結合処理は持たず、非常にシンプルなデータ構造とクエリのみをサポートしているという点は共通しています。そのため、「**RDBに比べて処理が高速で、複数のストレージを使った分散処理に強く、用途やコスト、スケールに合わせた最適化がしやすい**」といったメリットがあります。

　一方で、NoSQLではRDBのような高度なデータ構造を利用することや、複雑な条件による検索は行うことができません。また分散して格納されるデータに対して、RDBほどの厳密な整合性の確保を行わないため、データの変更を即座にシステム全体に反映させたいようなケースには向いていません。既存システムからの移行も容易ではないため、依然としてRDBへのニーズは高く、多くのサービスがRDBをサポートしています。クラウドの利用においては、扱うデータの特性や用途をよく分析し、適切なデータベースシステムを選択することがきわめて重要なのです。

クラウド用のデータベースの選び方

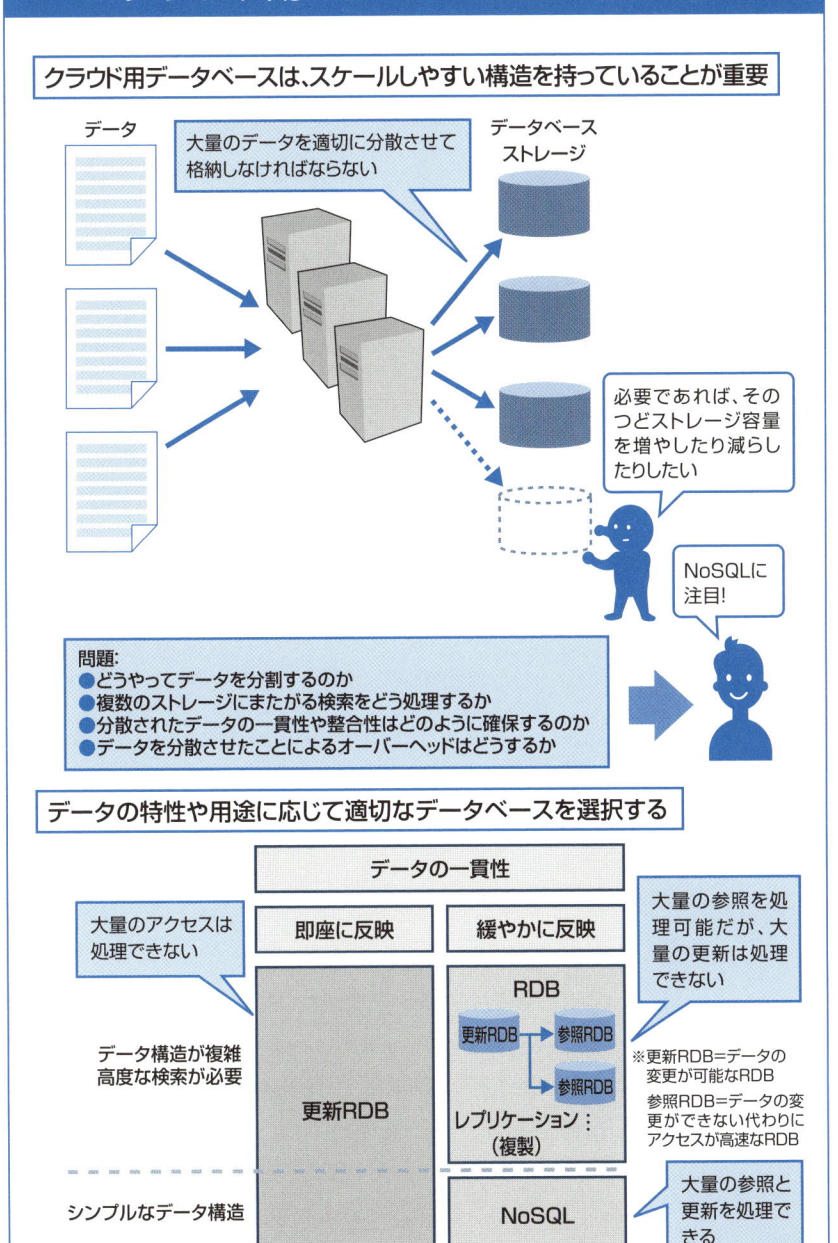

クラウド用データベースは、スケールしやすい構造を持っていることが重要

データ → データベースストレージ

大量のデータを適切に分散させて格納しなければならない

必要であれば、そのつどストレージ容量を増やしたり減らしたりしたい

NoSQLに注目!

問題:
- どうやってデータを分割するのか
- 複数のストレージにまたがる検索をどう処理するか
- 分散されたデータの一貫性や整合性はどのように確保するのか
- データを分散させたことによるオーバーヘッドはどうするか

データの特性や用途に応じて適切なデータベースを選択する

データの一貫性

	即座に反映	緩やかに反映
データ構造が複雑 高度な検索が必要	更新RDB	RDB 更新RDB → 参照RDB → 参照RDB レプリケーション：(複製)
シンプルなデータ構造		NoSQL

- 大量のアクセスは処理できない
- 大量の参照を処理可能だが、大量の更新は処理できない
- 大量の参照と更新を処理できる

※更新RDB＝データの変更が可能なRDB
参照RDB＝データの変更ができない代わりにアクセスが高速なRDB

chapter 2 リレーショナルでないデータベース

16 NoSQLの種類

主要なNoSQLは大きく4つに分類できる

　NoSQLというのは特定のデータベースシステムの名称ではなく、「**リレーショナルデータベース（RDB）ではないデータベースシステム**」という程度の緩い概念を表す用語です。したがって、NoSQLと呼ばれるデータベースがすべて同じデータ構造を採用しているわけではありません。NoSQLで利用される代表的なデータ構造としては次のようなものがあります。

NoSQLで利用される代表的なデータ構造

（分散）KVS（Key-Value-Store）型	キーと値をペアにして格納するシンプルなデータ構造。キーと格納したいデータを紐付け、キーを指定することでそれに対応したデータを保存／取得することができる。クラウドシステムでよく利用されるのは複数のストレージにデータを分散させて格納できる「分散KVS」と呼ばれるしくみ。複数のストレージにデータのレプリケーション（複製）を行うなど、一貫性や冗長性を確保するための機能が実装されている
テーブル指向型	列方向のデータを効率的に扱えるように設計されたデータ構造で、列指向型と分類されることもある。列データをファイルシステム上の連続した位置に格納することで、大量の行に対する少数の列の集約処理や、同一の値をまとめるデータ圧縮などを効率的に行うことができる。データマイニングやデータ分析などに特に適している
ドキュメント指向型	XMLやJSONなどの半構造化されたドキュメントデータの格納に特化したデータ構造。格納するデータは、ドキュメント自体に関するデータ（メタデータ）も含めてすべてドキュメント内に保存される
グラフ指向型	ノード、エッジ、プロパティから構成されるグラフ構造でデータを格納するデータベース。データ同士の複雑な関連性を表現することができる。頻繁に更新される大量の非構造的データを効率良く扱うことが可能

chapter 2 クラウドのしくみ

代表的なNoSQL

(分散)KVS型

- キーと値のペアでデータを格納
- 取り出すときはキーを指定する
- 複数のストレージでデータの複製を保持する
- ストレージ間で自動で複製を行うものもある

テーブル指向型

A	B	C	D
10			
20			
20			
20			
40			

格納 →

A	B	C	D
10			
20			
20			
20			
40			

列単位で管理

圧縮 →

A
10
20,3
40

値の繰り返しなどを効率的に利用できる

ドキュメント指向型

ドキュメントの構造をそのまま保持して格納する

グラフ指向型

ノード / エッジ

プロパティ
name="taro"
Mail="taro@gihyo"
……

ノードとエッジによってデータの関連を表現する

75

chapter 2 クラウドの思想にもWeb 2.0は生きている

17 クラウドとWeb 2.0

Web 2.0がクラウドをよりパワフルなものにした

「**Web 2.0**」という言葉は、2000年代中期以降のWebの利用方法を表す表現として、Tim O'reilly氏によって提唱されたものです。この言葉そのものに対する明確な定義はありませんが、大雑把にまとめると「**情報の発信者と受信者の区別があいまいになり、だれもがWebを通じて情報を発信し、積極的に参加できるWebの形**」を表した概念と言うことができます。

従来のWebでは、情報を発信したりサービスを提供したりする立場のユーザと、それを閲覧したり利用したりする立場のユーザが明確に分かれていましたが、Web技術の進化やユーザの意識の変化によって、だれもが情報の発信やサービスの提供を行うことができるようになりました。その結果、単に「Webを閲覧する」というだけに止まらず、「自ら積極的にWeb上の活動に参加する」ということが一般的なWeb利用のスタイルになってきました。ブログなどでの情報発信や、写真やビデオの共有、SNSなどによるコミュニティの形成、Webサイト同士を連携させた新しいサービスの提供などはその一例とされています。

このような変化を象徴したWeb 2.0ですが、現在ではこの用語そのものはバズワードとして扱われることが多く、早くも死語になりつつあります。とはいえ、この言葉が表すWebの利用方法そのものはすでに当たり前のものとして浸透しており、クラウドを形づくる要素の1つにもなっています。たとえば、Web上のサービス同士の連携はクラウドには不可欠なものですし、クラウドを利用した情報の発信や共有はWeb 2.0で起こった変化そのものと言えます。また、Web 2.0の副産物の1つとされるリッチなUIは、クラウド内部の複雑さを隠蔽することができ、ユーザへの窓口として重要な役割を担っています。クラウドの流行は、Web 2.0が前提にあってこそのものと言えます。

Chapter 2 クラウドのしくみ

Web 2.0とクラウドの関係

Web 1.0からWeb 2.0への変遷

ジャンル	Web 1.0	Web 2.0
広告	クリック広告	アフィリエイト
アルバム	Webアルバム	写真共有
コンテンツ	配信	共有
百科事典	辞典ソフトウェア	Wikipedia
個人の情報発信	Webサイト	ブログ
スケジュール共有	イベント企画サイト	ソーシャルカレンダー
Webサイトのアピール	ドメイン名でのアピール	検索エンジンへの最適化(SEO)
Webサイトの評価	ページビュー	クリック単価
Webサイトでの情報表示	スクリーンスクレイピング	Webサービス
Webの利用	情報公開	コミュニティへの参加
コンテンツ管理	コンテンツ管理システム(CMS)	Wiki
情報の分類	ディレクトリによる分類	タグ付けによる分類
Webサイト同士のかかわり	独立したサイト構成	サイトの垣根を越えた連携

※あくまでも象徴的な変化をまとめた表であり、Web 1.0時代のものが使われなくなったというわけではない

クラウドもWeb 2.0の流れを汲んでいる

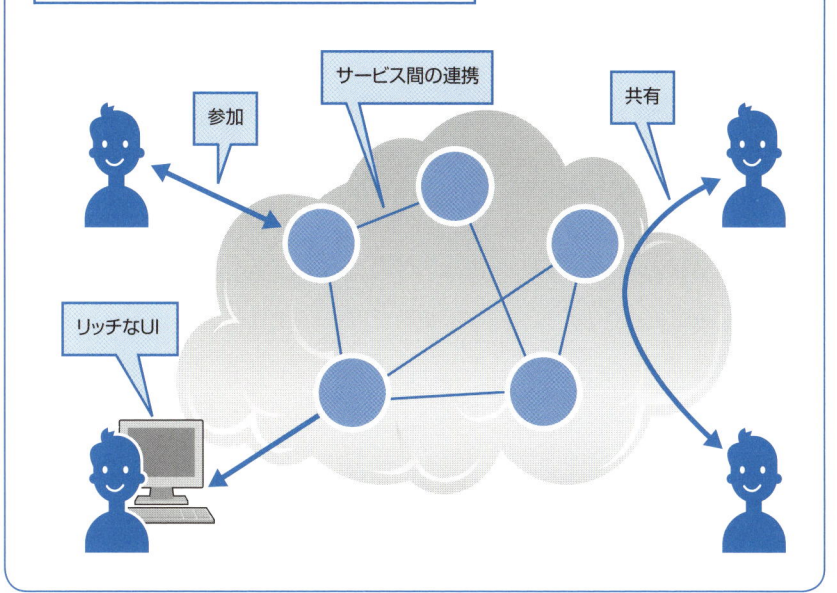

chapter 2 可用性を高めるために
18 クラスタリングとは

複数のサーバを利用して安定性や可用性を高める

　クラスタリングとは、「**クライアントからはあたかも1台のサーバであるかのように見せながら、内部的には複数台のサーバを利用して負荷分散や可用性／耐障害性の向上を行う技術**」のことです。クラスタリングの種類には、すべてのサーバで同時にサービスを提供する「**アクティブ―アクティブ構成**」と、一部を待機状態にしておく「**アクティブ―スタンバイ構成**」があります。また、それぞれについて各サーバでそれぞれ独立してディスクを持つ構成（共有ディスクを用いない構成）と、共有ディスクを用いる構成が考えられます。

　アクティブ―アクティブ構成では、複数のサーバが同時に稼働し、**ロードバランサ**などの機材によって各サーバにアクセスを振り分けることで負荷分散を実現します。共有ディスクを用いない構成の場合、サーバごとに持っているデータが異なってしまうと困るので、それぞれのディスクの内容をリアルタイムに同期する必要があります。一方で共有ディスクを用いる場合には同期は不要ですが、1つのディスクに複数のサーバが同時にアクセスすることになるため、管理が複雑になるという問題があります。

　アクティブ―スタンバイ構成は、一部のサーバは待機状態（スタンバイ）にしておき、メインのサーバに障害が発生した場合にはすぐに起動してサービスの提供を開始するというものです。この構成は障害対策のためによく利用されます。共有ディスクを用いない場合には、アクティブ側のディスクへの変更を同時にスタンバイ側のディスクにも反映させる必要があります。共有ディスクを用いる場合は、**ハートビート**といって、サーバ同士がお互いの状態を監視し合うことにより、サーバの切り替えをスムーズに行えるようにします。

　クラスタリングは余分なハードウェアが必要なのでコストは高くなりますが、安定性や可用性を向上させるためにきわめて重要な技術です。

おもなクラスタリングの種類

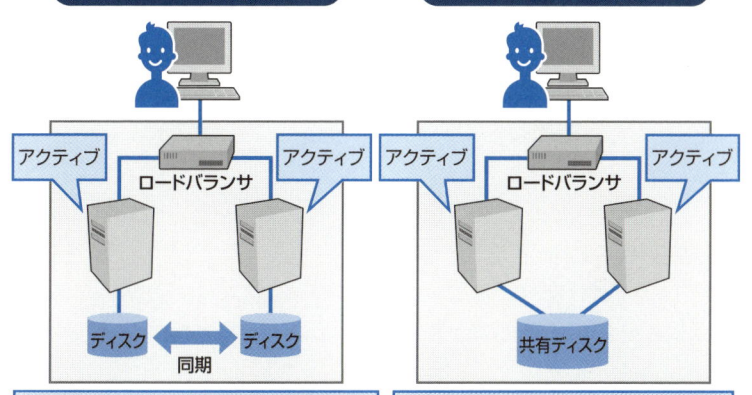

アクティブ―アクティブ構成

共有ディスクを用いない構成

アクティブ／ロードバランサ／アクティブ
ディスク ⇔ ディスク　同期

同じ構成のシステムを複数同時に稼働させ、負荷が均等になるようにアクセスを振り分ける。データをリアルタイムに同期させる必要がある

共有ディスクを用いた構成

アクティブ／ロードバランサ／アクティブ
共有ディスク

複数のアクティブなサーバでデータを共有する。同期の必要はないが、1つのディスクに同時にアクセスするため、排他制御や負荷分散などの対策が必要となる

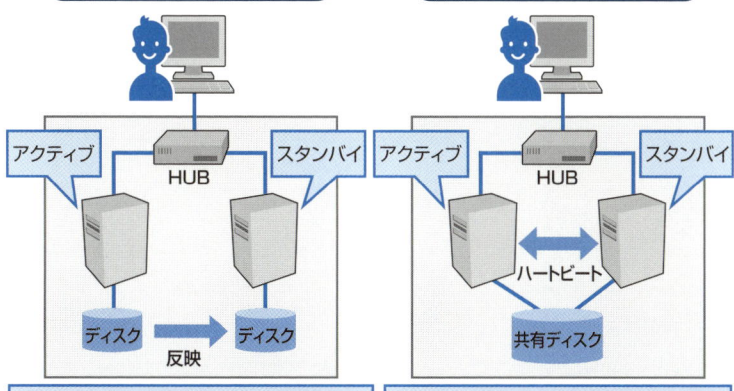

アクティブ―スタンバイ構成

共有ディスクを用いない構成

アクティブ／HUB／スタンバイ
ディスク → ディスク　反映

同じ構成のシステムを待機させておき、障害が発生した場合に起動して代わりに使用する。アクティブ側のデータ変更を任意のタイミングでスタンバイ側に反映させる必要がある

共有ディスクを用いた構成

アクティブ／HUB／スタンバイ
ハートビート
共有ディスク

障害発生時にはアクティブ側のサーバは共有ディスクをアンマウントし、代わりにスタンバイ側のサーバを起動してマウントする

COLUMN

クラウドの類似用語

ここでは、「クラウドコンピューティング」と似た意味を持つ代表的な用語を紹介します。

ネットワークコンピューティング	ネットワークを中心としたコンピュータの利用形態を指す用語。ネットワークに接続し、そこで提供されるさまざまな機能やサービスを利用することを前提とした考え方であり、ネットワークセントリックコンピューティングとも言う。クラウドもネットワークコンピューティングの一種と考えることができる
ユーティリティコンピューティング	ソフトウェアやハードウェアに対して、パッケージを買い取るのではなく、使った分だけの料金を支払う従量制で利用する形態を指す用語。クラウドでもこの方式が取り入れられている
グリッドコンピューティング	多数のコンピュータをネットワークで接続し、相互に協調動作させることによって1つの巨大なコンピュータであるかのように扱うことができるしくみ。利用者に対しては、そこから必要な処理能力や記憶容量をサービスとして提供する。グリッドコンピューティング実現のために培われたさまざまな技術、たとえば分散並列処理技術などが、クラウドの構築のためにも活用されている
SOA（サービス指向アーキテクチャ）	ソフトウェアの機能をサービスとして部品化し、そのサービスを連携させることによってシステム全体を構築するという考え方。この手法はクラウドにおけるサービス連携にも取り入れられている
ASP（アプリケーションサービスプロバイダ）	インターネットを通じてソフトウェアの機能などをサービスとして提供する事業者のこと。一般的には業務用のアプリケーションソフトを提供する事業者を指す。クラウドサービスの提供事業者もASPの一形態と言える
ホスティングサービス	コンピュータ（サーバ）の容量の一部を貸し出すサービス。IaaSやPaaSもホスティングサービスの一種と考えることができ、ホスティング事業者がクラウドベンダを兼ねているケースも多い

3
chapter

クラウドの導入と利用

本章では、実際に企業がクラウドを導入するうえでどのような準備が必要で、どのような点に注意すべきなのかといった内容をまとめています。クラウドの導入を成功させるためには、クラウドサービスを契約するだけでなく、さまざまな準備が必要となります。

chapter 3 クラウドに適したシステム

1 どのようなシステムでクラウドを導入するべきか

クラウドの導入に適していると言える4つの例

　クラウドを導入する効果が高いのはどのようなシステムでしょうか。ケースバイケースという面が強いため一概には言えませんが、一般論としてまず挙げられるのが「**将来的な拡張の予測が困難なケース**」です。伸び盛りの事業や、それまでにないまったく新しいサービスなどでは、将来どれだけアクセスが増加することになるのか予測が難しいため、システム規模の見積りができません。このような場合は、柔軟にスケーリングできるクラウドのメリットが大きく生きてきます。同様の理由が、新しいアイデアのプロトタイプを作成するような場合にも当てはまります。

　「**必要とされる処理能力の変動が大きいケース**」でも、クラウドであれば必要に応じた処理能力を借りることができるため、コストメリットが大きいと言えます。月末や決算期に負荷が集中する会計処理システムなどがこのケースに当てはまるでしょう。

　データの扱いという観点から考えれば、「**大量のデータを必要とするケース**」や、「**将来的にデータ量の増加が考えられるケース**」でもクラウドが活用できます。ただしこの場合は、ネットワーク遅延などの理由からデータに対してどのようなアクセスが発生しているのかという点に注意する必要があります。また、機密情報の扱いに関しても十分に配慮しなくてはなりません。

　もし「**複数の拠点でデータの共有を行う必要がある**」ような場合には、システムをクラウド上に構築することによって拠点間の余分な通信を減らし、効率の良い運用が可能になるかもしれません。拠点の数が多い場合には、負荷の集中に強いという点からもクラウドを使うメリットがあります。

　ここに挙げたのはあくまでも一例ですが、クラウドの導入を考える手始めとして、上記のようなケースに当てはまるかを分析してみるとよいでしょう。

chapter 3　クラウドの導入と利用

クラウドの導入に適したケースの例

将来のアクセスの増加が予測できない場合

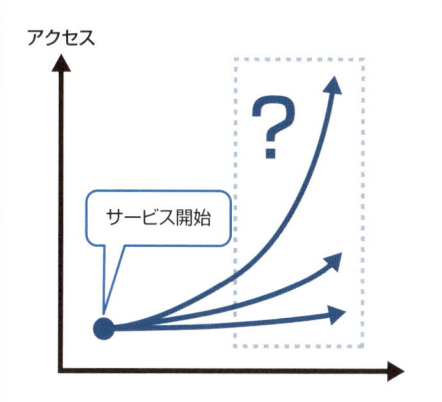

アクセス

サービス開始

？

大量のデータを扱っている／大規模な情報処理能力を必要とする場合

必要とされる処理能力が時期によって大きく変動する場合

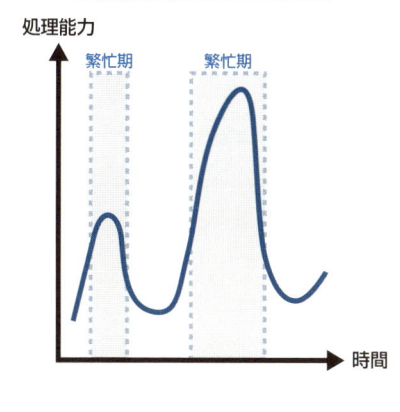

処理能力

繁忙期　繁忙期

時間

複数の拠点で情報の共有や交換を行っている場合

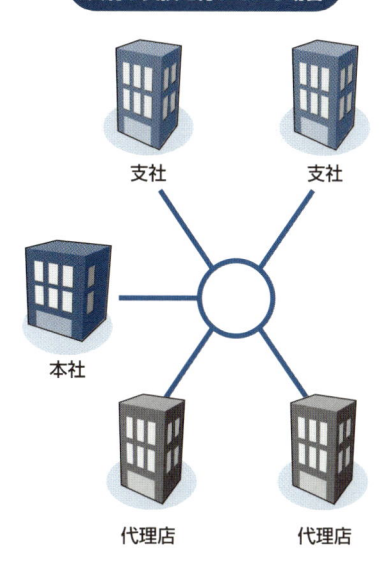

支社　支社

本社

代理店　代理店

83

chapter 3　クラウドの導入を決める前に

2 クラウドの導入前に考えるべきこと

クラウドの導入がもたらす効果を見極める

　企業でクラウドを導入するにあたってITシステムの管理者が最初にやらなければならないことは、「**クラウドの導入によってどのような効果が期待できるのかを正しく見極めること**」です。その第一段階として、既存システムの運用や保守にかかっているコストを「見える化」し、現状を正確に把握することが必要です。もし近い将来に開始しようとしているサービスなどがある場合には、その立ち上げや運用に必要なコストも考慮しましょう。

　次に、「**既存システムをクラウド上のサービスに移行する場合に必要なコスト、そして移行後の運用コストを見積ります**」。その際、クラウドをどのように利用するのか、考え得るさまざまなパターンでシミュレーションを行いましょう。たとえば社内システムを移行する場合でも、既存のシステムをクラウド上での運用に切り替えるのか、それとも使用しているアプリケーションをSaaSに変更するのか、それだけでシナリオは大きく変わってきます。

　クラウドのメリットは、設備やソフトウェアの購入コストを抑えられる点ですが、その一方で従量制サービスの特徴として運用コストが増加する傾向にあります。そのため、システムの利用状況や必要な機能によっては、自社運用のほうがコストが抑えられるというケースも多々あります。そのほかに、クラウドへの移行に必要な技術力を確保するためのコストも計算に入れなければなりません。スタッフの経験を生かせるのかも重要なポイントです。逆に人材が足りていない現場であれば、運用も含めてアウトソースすることでコストを抑えるというパターンも考えられます。

　クラウドの導入は手段であって目的ではありません。現場のエンジニアとも相談し、システムの特性を考慮したうえで、クラウドを使うメリットがどこにあるのかをよく検討する必要があります。

Chapter 3 クラウドの導入と利用

クラウドの導入前に考えるべきこと

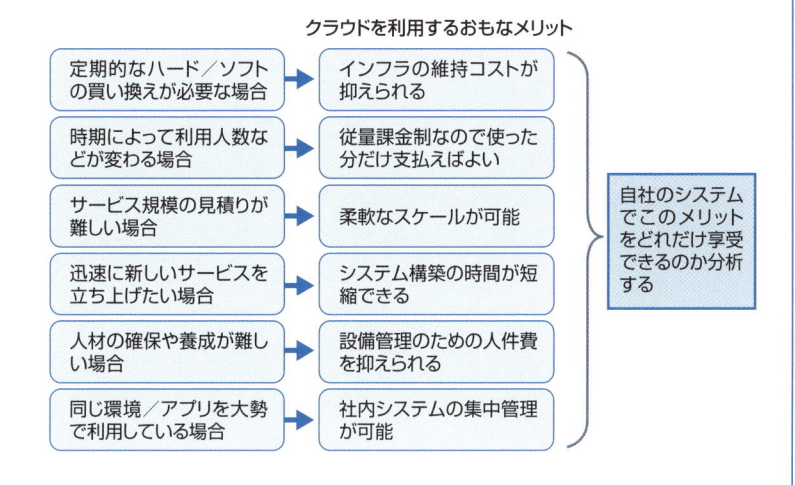

クラウドの導入前に考えるべきこと

クラウドを利用するおもなメリット

状況	メリット
定期的なハード／ソフトの買い換えが必要な場合	インフラの維持コストが抑えられる
時期によって利用人数などが変わる場合	従量課金制なので使った分だけ支払えばよい
サービス規模の見積りが難しい場合	柔軟なスケールが可能
迅速に新しいサービスを立ち上げたい場合	システム構築の時間が短縮できる
人材の確保や養成が難しい場合	設備管理のための人件費を抑えられる
同じ環境／アプリを大勢で利用している場合	社内システムの集中管理が可能

→ 自社のシステムでこのメリットをどれだけ享受できるのか分析する

クラウドタイプの選択の一例

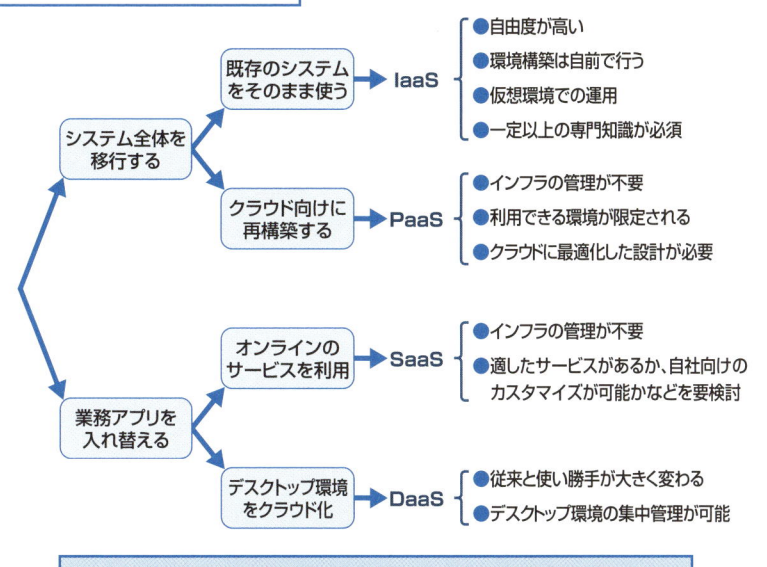

システム全体を移行する
- 既存のシステムをそのまま使う → **IaaS**
  - ●自由度が高い
  - ●環境構築は自前で行う
  - ●仮想環境での運用
  - ●一定以上の専門知識が必須
- クラウド向けに再構築する → **PaaS**
  - ●インフラの管理が不要
  - ●利用できる環境が限定される
  - ●クラウドに最適化した設計が必要

業務アプリを入れ替える
- オンラインのサービスを利用 → **SaaS**
  - ●インフラの管理が不要
  - ●適したサービスがあるか、自社向けのカスタマイズが可能かなどを要検討
- デスクトップ環境をクラウド化 → **DaaS**
  - ●従来と使い勝手が大きく変わる
  - ●デスクトップ環境の集中管理が可能

クラウドの導入がどのようなメリットをもたらすのかを分析したうえで、自社のシステムに適したサービスのタイプ／利用の仕方などをよく検討する

chapter 3 ただクラウドに載せるだけではダメ

3 クラウドに合わせた システムの再構築

既存システムを整理し、クラウドへ移行可能か検討する

　既存のシステムをクラウドへ移行すると言っても、単にそのままクラウド上のサーバに載せればよいというものではありません。対象とするシステムの環境や求められるサービスレベルなどの条件を考慮したうえで、**システムのどの部分がクラウドに移行できるのか、またどのような形での移行が望ましいのか**を見極めなければなりません。そのために、システム全体をコストや運用体制、セキュリティなどの観点で切り分け、全体像を整理しておくことが必要です。

　もしさまざまな業務が入り乱れて運用体系が煩雑になっている場合には、システム構成を再設計する必要があるかもしれません。必要な部分、不要な部分を見極めたうえで、業務やアプリケーションの統廃合を行います。これによって、クラウドへの移行が容易になるのと同時に、それまで無駄に使っていたコストを削減することができます。

　既存システムが整理できたら、その中で**どの部分がクラウドに移行できるのか**を検討しましょう。データの保管場所やネットワーク接続への依存など、クラウドを利用することのリスクを考慮し、運用の要件を満たすサービスを選ぶ必要があります。特に機密情報を持つシステムの場合には、セキュリティの確保に細心の注意を払わなければなりません。その場合、プライベートクラウドの利用も候補に挙がってくるでしょう。

　データや自社開発のアプリケーションがスムーズに移行できるのかも考える必要があります。たとえばリレーショナルデータベースで管理している情報資産がある場合、NoSQL（2-16参照）なデータベースへの移行はシステムの特性が変わってしまうため大きなリスクを伴います。単にシステムが動くかどうかだけではなく、クラウドの特性を把握したうえで、**移行後のシステムが要件を満たせるのか**を十分に検討しましょう。

chapter 3 クラウドの導入と利用

クラウドへの移行が可能な部分を見極める

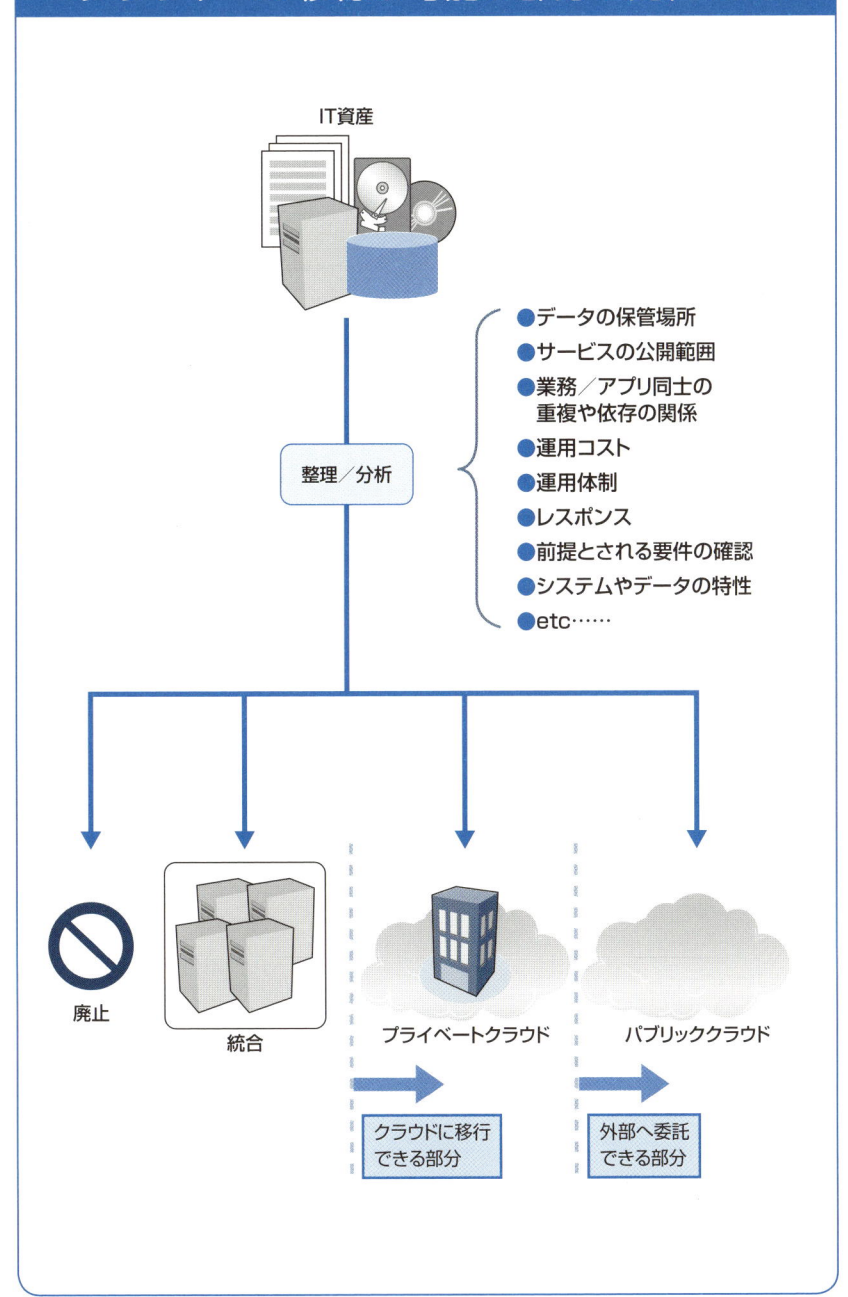

IT資産

整理／分析
- データの保管場所
- サービスの公開範囲
- 業務／アプリ同士の重複や依存の関係
- 運用コスト
- 運用体制
- レスポンス
- 前提とされる要件の確認
- システムやデータの特性
- etc……

廃止

統合

プライベートクラウド → クラウドに移行できる部分

パブリッククラウド → 外部へ委託できる部分

chapter 3 どのサービスを使えばよいか

4 クラウドサービスを見極める

対象とする業務に合ったサービスを選択する

　一言でクラウドサービスと言っても、その種類は多岐にわたります。企業でクラウドを導入する際には、**どの業務分野に対して適用するのかを整理したうえで、その業務がカバーできるサービスを選択する必要があります。**

　企業内で利用する業務システムの基盤としてクラウドを導入する場合には、IaaSやPaaSを選択するのが一般的です。IaaS/PaaSを選ぶ際には、自社で使用する業務アプリケーションやデータベースなどが、そのサービスで利用できるかどうかを見極める必要があります。特にPaaSの場合は、OSやミドルウェアが限定されるので、既存のアプリケーションやデータが利用できない可能性があります。またIaaSの場合でも、仮想環境での運用が前提であり、起動やバックアップのしくみなどがサービスごとに異なるので注意が必要です。

　業務アプリケーションとしてSaaSを利用する場合には、対象となる業務分野によって利用可能なサービスが異なってきます。SaaSには、メールやスケジュール管理のように単体のアプリケーションとして利用できるものから、在庫管理や顧客管理などのように専門の業務システムとして利用するものまで、さまざまなものがあります。複数のサービスをまとめて統合アプリケーションとして利用できるようになっている場合もあります。

　いずれの場合も重要なことは、サービス提供側のインフラの強度や、レスポンス性能、障害発生時の対応などについてよく確認しておくことです。業務で利用する場合、サービスの内容や範囲、品質などの保証項目や、それを達成できなかった場合の対応などを定めた**SLA**（Service Level Agreement：サービス品質保証契約、5-4参照）を締結することが一般的です。このSLAが自社の業務に求められる要件を満たすものかどうかを検討しましょう。

　右図では、代表的なクラウドサービスとおもな適用分野について紹介しています。各サービスの詳細は、第5章を参照してください。

chapter 3 クラウドの導入と利用

代表的なクラウドサービスとおもな適用分野

- 研究／開発
- 受注
- 発注
- 製造
- 在庫管理
- 顧客管理
- 人事管理
- 財務／経理
- 一般事務
- 企業内システム基盤

- Amazon EC2/S3
- ニフティクラウド
- Google App Engine
- Google Apps
- Salesforce CRM
- Force.com
- IBM MCCS
- Windows Live
- Windows Azure
- Lotus Live
- Oracle Cloud Office

- 外部向けサービスの構築
- コンテンツ管理

クラウドに移行したい業務分野を整理し、要件を満たすサービスを選択する

89

chapter 3 クラウドのデメリットも考える

5 クラウドを利用するリスク

考えられるリスクに対して多方面から対策を講じておくことが重要

　ここでは、クラウドを利用するうえでの代表的なリスクについて紹介します。万が一の事態に備え、技術、運用、法律などさまざまな方向から対策を講じておく必要があります。

クラウドを利用するうえでの代表的なリスク

機密情報の取り扱い	機密情報や個人情報を扱うようなシステムの場合、それを外部の機関に預けてしまっても大丈夫かという問題がある（5-1参照）
ネットワークの遅延によるレスポンスの低下	システムがインターネット上に存在する以上、社内のサーバにアクセスする場合に比べればどうしてもレスポンスは低下してしまう。これをどのように軽減し、どこまでの遅延を許容するかなどを明確にしておく必要がある
ライセンス管理が複雑になる	アプリケーションを仮想マシン上で運用する場合、通常とは異なるライセンスが適用される場合がある。仮想マシンの追加や削減の際にもライセンスの適用台数が変わるため注意が必要
利用できる環境が固定される	サービスによっては、既存システムで利用していたアプリケーションやデータ形式がサポートされていないかもしれない
特定の企業のサービスにロックインされやすい	現状では、特定のクラウドでサービスを開始した後に、別のクラウドにデータやアプリケーションを移行することは容易ではない（5-13参照）

　上記のほかにも、「通信障害が発生した場合に利用できなくなること」「利用できる環境やアプリケーションが限定されること」「仮想環境特有の運用ノウハウが必要なこと」「トラブルの際の責任の所在があいまいになりやすいこと」「使用料金が変動するため全体のコストが把握しづらくなること」などが挙げられます。

chapter 3 クラウドの導入と利用

クラウドを利用するうえでの代表的なリスク

機密情報の取り扱い

その業者は信頼できますか？

ネットワークの遅延によるレスポンスの低下

必要なレスポンス性能は確保できますか？

ライセンス管理が複雑になる

仮想マシンごとにライセンスが必要

仮想マシン群

物理マシン

仮想マシンを追加

必要なライセンス数を把握できていますか？

追加分のライセンスも必要です

利用できる環境が固定される

必要なアプリケーションはサポートされていますか？

特定の企業のサービスにロックインされやすい

クラウド間のシステムの移行は容易ではありません

91

chapter 3 クラウド化する範囲を決める

6 どの部分をクラウド化するのか

自社で管理すべき部分を明確にする

　クラウドを利用するということは、大切なデータやシステムを第三者の機関に預けるということでもあります。そのため、預けたデータやシステムを適切に管理運用してもらえるのかという点が大きな懸念材料になってきます。個人情報を保管しているシステムの場合には個人情報保護法が適用されるため、その扱いには特に慎重にならなければいけません。

　またサービスの可用性や、障害発生時のサポートも懸念材料となります。何らかの理由によってクラウドサービスが停止した場合、その間業務がストップしてしまうことになります。あるいは、サービス内容の突然の変更や停止によってある日突然システムが利用できなくなってしまうなど、サービスの継続性に対する懸念もあります。

　そこで、**クラウドの導入前にシステムのどの部分までをクラウド化できるのかを十分に検討しておく必要があります**。たとえば、個人情報については社内システムやプライベートクラウドを併用し、外部には預けないようにするといった対策が考えられます。ただし、この場合は自社でもある程度のサーバ環境を運用する必要が生じます。また、社内システムと外部システムを連携させるしくみについてよく考えなければなりません。

　サービスの可用性や継続性に関しては、SLA（Service Level Agreement、5-4参照）を締結することのほかに、緊急時に利用する予備のシステムを別途用意しておくといった対策が考えられます。予備システムは別のクラウドサービスや社内システム上に構築し、いつでも稼働できるようにしておきます。この場合、本システムとのデータの同期をどのように取るかが課題になります。

　クラウドを導入する際には、単純にすべてをクラウドに任せるのではなく、どの部分まで自社で管理すべきなのかを明確にする必要があります。

chapter 3 クラウドの導入と利用

クラウドへ移行する際の検討事項

検討事項の一例

- **どの部分をクラウド化するか**
  - クラウドに置く部分と自社システムに残す部分を切り分ける
  - プライベートクラウドの活用も検討

- **機密情報をどこに置くか**
  - 適切なセキュリティを確保できるか
  - データセンターの設置場所(国内、海外)
  - データセンターの運用事業者(国内、外資、ベンチャーなど)

- **障害発生時の対応**
  - どの種類の障害が業務のどの部分に影響するか
  - 予備システムの検討
  - SLAの締結

- **サービスの継続性**
  - 信頼のおけるサービス提供事業者か
  - 利用規約の検証

各サービスの特性を考慮してシステムを配備する

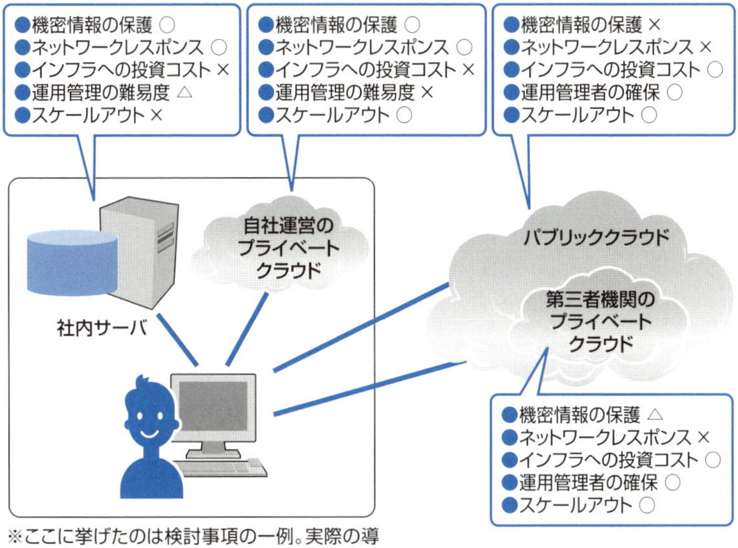

社内サーバ
- 機密情報の保護 ○
- ネットワークレスポンス ○
- インフラへの投資コスト ×
- 運用管理の難易度 △
- スケールアウト ×

自社運営のプライベートクラウド
- 機密情報の保護 ○
- ネットワークレスポンス ○
- インフラへの投資コスト ×
- 運用管理の難易度 ×
- スケールアウト ○

パブリッククラウド
- 機密情報の保護 ×
- ネットワークレスポンス ×
- インフラへの投資コスト ○
- 運用管理者の確保 ○
- スケールアウト ○

第三者機関のプライベートクラウド
- 機密情報の保護 △
- ネットワークレスポンス ×
- インフラへの投資コスト ○
- 運用管理者の確保 ○
- スケールアウト ○

※ここに挙げたのは検討事項の一例。実際の導入に際しては、トータルコストやSLAを含むさまざまな視点での調査が必要。

93

chapter 3　クラウドへの移行事例

7 既存システムをクラウドに移行する

Amazon.comの社内システム移行の事例

　自社サーバで運用されている既存システムをクラウドに移行する手順として、ここではAmazon.comが社内システムを同社の仮想プライベートクラウド（VPC）であるAmazon VPCに移行した事例を紹介します。移行対象は、同社の従業員が利用する財務経理、人事、開発ツール、ナレッジマネジメント、業務ツールなどのシステムです。

　同社では、クラウドへの移行を**3つのフェーズ**に分けて実施しました。**フェーズ1**で最初に行ったのは、サーバの仮想化とシステムの統廃合による、クラウド環境に合わせた最適化です。これと同時に、データの仕分けやアプリケーションの可用性の見極め、システム間の依存関係の把握、コンプライアンスの確認、ハードウェアの利用状況の把握、現在のTCO（Total Cost of Ownership）の確認なども実施しています。また、関係ベンダと協力してクラウド対応のライセンスモデルを適用できるようにしました。

　フェーズ2は移行試験です。いくつかのパイロットプロジェクトにおいて、技術的な検証やレガシーアプリケーションが実際にクラウドで動作するかの確認、性能試験などを実施しました。また、IT部門のスタッフがクラウド環境に慣れるための試験運用も行いました。**フェーズ3**が実際の移行作業であり、これは比較的シンプルなアプリケーションや、全貌を把握できている自社開発システムなどから先に着手していきました。同社によると、セキュリティやアクセスコントロールの設定に早期に着手することによって移行がよりスムーズに行えるようになるとのことです。

　ここで紹介したのはクラウド移行の1つの例にすぎませんが、業界をリードするクラウドベンダによる事例であり、一般のユーザにとっても良いテストケースになるのではないかと思います。

Chapter 3 クラウドの導入と利用

Amazonによる業務システムのクラウドへの移行事例

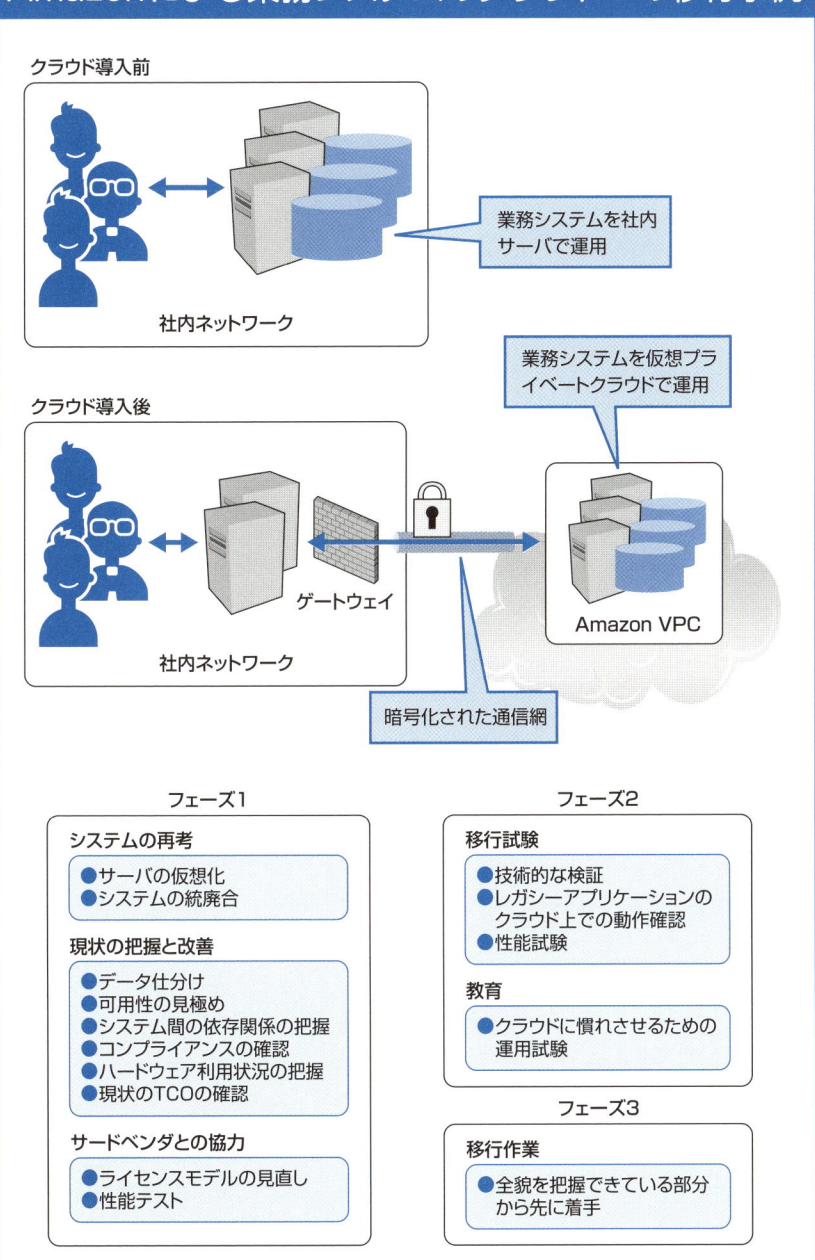

クラウド導入前

業務システムを社内サーバで運用

社内ネットワーク

クラウド導入後

業務システムを仮想プライベートクラウドで運用

社内ネットワーク — ゲートウェイ — 暗号化された通信網 — Amazon VPC

フェーズ1

システムの再考
- サーバの仮想化
- システムの統廃合

現状の把握と改善
- データ仕分け
- 可用性の見極め
- システム間の依存関係の把握
- コンプライアンスの確認
- ハードウェア利用状況の把握
- 現状のTCOの確認

サードベンダとの協力
- ライセンスモデルの見直し
- 性能テスト

フェーズ2

移行試験
- 技術的な検証
- レガシーアプリケーションのクラウド上での動作確認
- 性能試験

教育
- クラウドに慣れさせるための運用試験

フェーズ3

移行作業
- 全貌を把握できている部分から先に着手

chapter 3 個人向けサービスを活用する
8 小規模な現場でのクラウド利用

個人向けサービスを業務に活用することもできる

　個人事業主や中小企業などといった小規模な現場でクラウドを採用するケースや、一部の業務に対する試験的な導入の場合には、個人向けに提供されているサービスから利用を開始するという選択肢もあります。もちろん法人利用や業務利用に対する利用規約の違いなどに注意する必要はありますが、無料や安価で提供されているサービスもあるため、手軽に始められるというメリットがあります。

　個人向けに提供されているもので、業務にも活用できるサービスの代表格としては、メールやスケジュール管理、ストレージなどを挙げることができるでしょう。たとえば、Googleが提供しているGmailを仕事用に利用しているケースは多々見られますし、Googleカレンダーの共有機能を活用してスケジュール管理を行っている現場もあります。またGoogleでは、このGmailやGoogleカレンダーをはじめとした各種サービスを統合し、企業内のコミュニケーションやコラボレーションに利用できる「Google Apps」(4-1参照)という法人向けサービスを展開しています。これには無料版も用意されているほか、有料版についてもユーザ数で料金が決まるため、小規模であれば安価に利用することが可能です。

　PaaSやIaaSについては、利用規模とサポート内容に応じて課金されるサービスが主流となっています。したがって、最小構成であればきわめて安価に利用することができます。たとえば代表的なIaaS/PaaSであるAmazon EC2 (4-3参照) やWindows Azure (4-8参照)、Google App Engine (4-2参照) は、一月あたり数千円から使うことができます。

　小規模向けのサービスをうまく選択できれば、**数人からの利用でも安価にクラウドのメリットを享受することができます**。大小さまざまな規模に対応したサービスが提供されているので、自社の業務に合ったものを選びましょう。

chapter 3　クラウドの導入と利用

業務に活用できる個人用サービスの例

業務に活用できる個人用サービスの例

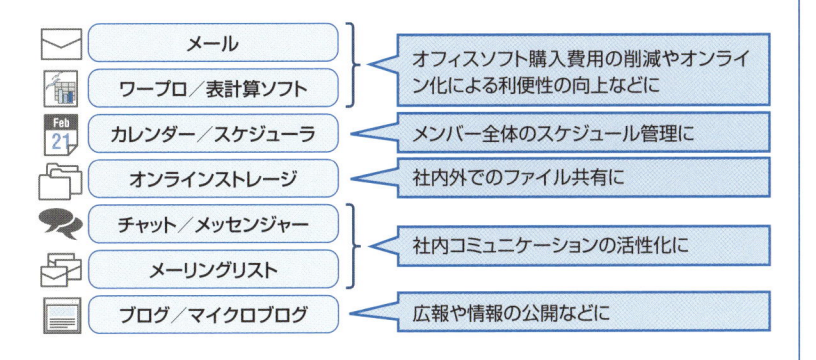

- メール
- ワープロ／表計算ソフト

→ オフィスソフト購入費用の削減やオンライン化による利便性の向上などに

- カレンダー／スケジューラ

→ メンバー全体のスケジュール管理に

- オンラインストレージ

→ 社内外でのファイル共有に

- チャット／メッセンジャー
- メーリングリスト

→ 社内コミュニケーションの活性化に

- ブログ／マイクロブログ

→ 広報や情報の公開などに

おもなクラウドサービスの課金方式

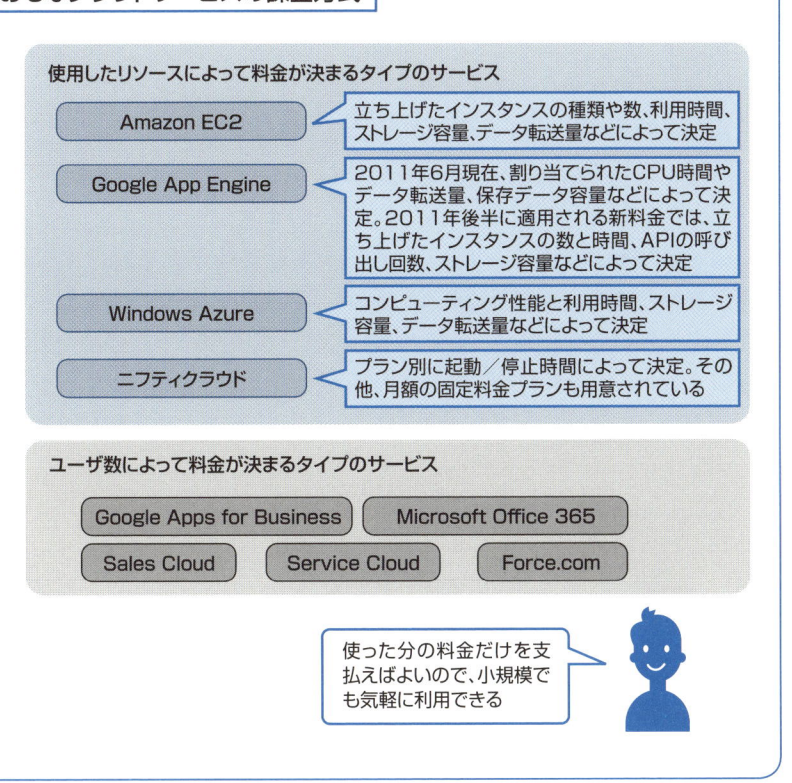

使用したリソースによって料金が決まるタイプのサービス

- **Amazon EC2**：立ち上げたインスタンスの種類や数、利用時間、ストレージ容量、データ転送量などによって決定
- **Google App Engine**：2011年6月現在、割り当てられたCPU時間やデータ転送量、保存データ容量などによって決定。2011年後半に適用される新料金では、立ち上げたインスタンスの数と時間、APIの呼び出し回数、ストレージ容量などによって決定
- **Windows Azure**：コンピューティング性能と利用時間、ストレージ容量、データ転送量などによって決定
- **ニフティクラウド**：プラン別に起動／停止時間によって決定。その他、月額の固定料金プランも用意されている

ユーザ数によって料金が決まるタイプのサービス

- Google Apps for Business
- Microsoft Office 365
- Sales Cloud
- Service Cloud
- Force.com

使った分の料金だけを支払えばよいので、小規模でも気軽に利用できる

97

chapter 3　システム規模の変更について考える

9 システムの規模を拡大／縮小する

スケールアップか、スケールアウトか

　クラウドを利用する最大のメリットの1つが、利用規模の拡大や縮小を柔軟に行えるということです。しかし、いくら規模の拡大／縮小が容易だからと言っても、実際に運用する際には注意しなければならない点がいくつかあります。

　たとえばシステムの規模を拡大しようとした場合には、それに合わせてサーバの機能を強化しなければなりません。それには**スケールアップ**と**スケールアウト**の2種類の方法が考えられます。**スケールアップ**とは、「**CPUやメモリなどのサーバの機能そのものを強化することによってパフォーマンスを向上させること**」です。クラウドシステムは仮想環境を利用して構築されるので、仮想マシンに割り当てるリソースを増やすことで動的なスケールアップが可能です。

　一方、**スケールアウト**とは、「**利用するサーバの台数を増やすことでパフォーマンスを向上させること**」を指します。クラウドでは、並列利用する仮想マシンの数を増やすことがこれにあたります。どちらの方法が適しているかはシステムの特性によって変わってきますが、一般的には扱うデータの複製や分割が困難な場合にはスケールアップが、複製しても問題の起きないデータを扱う場合にはスケールアウトが適していると言われています。

　いずれの方法にしても利用料金が大きく変わってくるため、それに見合った効果が得られるか検討しなければなりません。使用するアプリケーションが変更後のインフラ構成や利用規模に対応しているかどうかなども確認する必要があります。契約内容の見直しが必要なケースもあります。会計システムのように時期によって利用規模が変動するような場合は、その旨を考慮した内容の契約を結んでおくというのも1つの手です。ただサーバを拡張／縮小するのではなく、業務や企業運営に与える影響まで考慮することが重要です。

スケールアップとスケールアウト

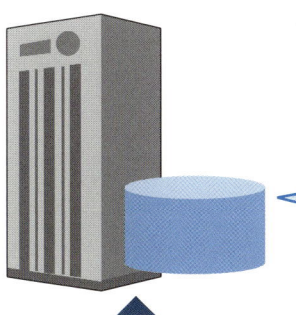

- データやアプリケーションを分割する必要がないため、システム構成がシンプル
- 1台の物理マシン内でのスケールアップには限界があるため、最大で利用可能なリソースを把握しておく必要がある
- 利用料金はCPUパワーやメモリ／ディスク容量などによって決まる

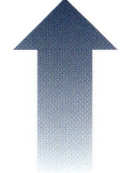

スケールアップ
仮想マシンに割り当てるリソースを増やすことで、仮想サーバの性能を向上させる

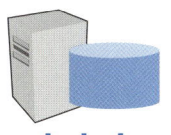

元のシステム

スケールアウト
並列で利用する仮想マシンの数を増やすことでシステム全体の処理性能を向上させる

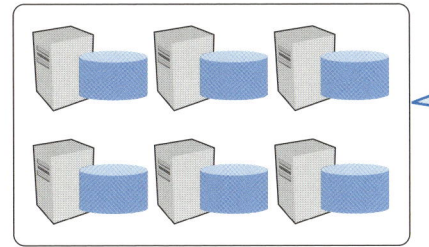

- 物理マシンの性能に関係なくパフォーマンスを向上させることが可能
- システムを稼働させたままでの拡張が容易
- データやアプリケーションを複数の仮想マシンに分散する必要がある
- システム管理者は並列分散処理の知識が必要
- 稼働台数分のソフトウェアライセンスが必要な場合がある
- 利用料金は仮想マシンの数と個々の仮想マシンの性能などによって決まる

chapter 3 クラウドベンダの信頼度をチェックする
10 クラウドを利用するうえでのセキュリティ対策

正しい相手であることを確認したうえでデータを預ける

　企業がクラウドを利用する場合、もっとも懸念されるのが**機密情報を含むデータの取扱い**です。大切なデータを第三者の機関に預けている以上、導入にあたってはさまざまな観点からの検討が必要です。特に個人情報については、個人情報保護法第22条に定められる「**委託先の監督義務**」によって、**預けた先のベンダによる個人情報の取扱いに対してもユーザ企業自身が責任を負うことになります**。そのため、預け先の検討には特に慎重にならなくてはいけません。

　クラウドサービスを提供する企業で適切な内部統制（5-7参照）が行われているかどうかを判断する手がかりとしては、アメリカの「**SAS70（米国監査基準書70号）Type II**」（5-8参照）や日本の「**監査基準委員会報告書第18号**」をはじめとする内部統制に関する基準をクリアできているかどうかを調べるという方法があります。これらは内部統制の監査を効率化するための評価基準ですが、実用的な段階まで踏み込んだ内容で内部統制の運用状況が厳密に評価されるため、クラウドベンダに必須の基準と言われています。

　クラウドのメリットの1つにサーバの物理的な場所に影響されないということがありますが、データセンター（DC）が海外にあるサービスを利用する際には注意が必要な場合もあります。政府機関がDC内のデータにアクセスできるよう義務付けられている国があったり、内部統制の面から特定のデータを国外に持ち出すことが禁じられているケースなどもあるためです。運用担当者のITリテラシーのレベルが国によって異なるということも意識する必要があります。

chapter 3　クラウドの導入と利用

情報セキュリティに関連した法律の例

個人情報の保護に関する法律 第22条（委託先の監督）

個人情報取扱事業者は、個人データの取扱いの全部又は一部を委託する場合は、その取扱いを委託された個人データの安全管理が図られるよう、委託を受けた者に対する必要かつ適切な監督を行わなければならない

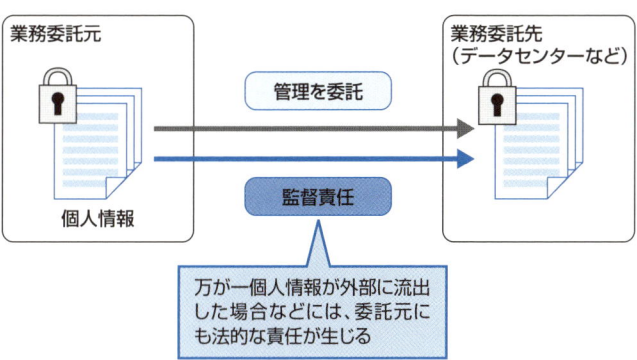

業務委託元　　管理を委託　　業務委託先（データセンターなど）

個人情報　　監督責任

万が一個人情報が外部に流出した場合などには、委託元にも法的な責任が生じる

クラウドベンダに必須とされるSAS 70 Type II

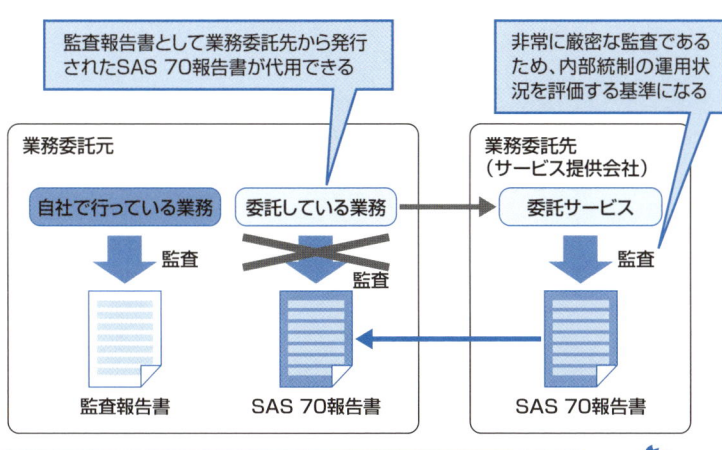

監査報告書として業務委託先から発行されたSAS 70報告書が代用できる

非常に厳密な監査であるため、内部統制の運用状況を評価する基準になる

業務委託元
- 自社で行っている業務 → 監査 → 監査報告書
- 委託している業務 → 監査 → SAS 70報告書

業務委託先（サービス提供会社）
- 委託サービス → 監査 → SAS 70報告書

SAS 70 Type IIを取得している会社のサービスを利用している場合には、会計監査時に本来必要である委託業務分の監査を省略することができる

101

chapter 3 クラウドストレージを活用する

11 クラウドを利用したバックアップ

クラウドストレージを活用してバックアップデータを確実に保護する

クラウド上で提供される主要なサービスの1つに、ストレージサービスがあります。そのようなクラウド上のストレージは、企業システムで利用するデータのバックアップ保存先としても魅力的なものです。大容量データの保存に対応し、堅固なセキュリティやデータ保護機構による厳重な管理が期待できるからです。

バックアップシステムとしてクラウドを見た場合、そのおもな利用形態としては以下に挙げるようなものが考えられます。

バックアップシステムとしてのクラウドの利用形態

クラウドストレージサービスを利用	自前のシステムのバックアップ先としてクラウドストレージを指定する形。バックアップデータの管理やスケジューリング、リカバリなどのためのツールはクライアント側に持ち、バックアップ先としてのみクラウドを利用する
クラウドバックアップサービスを利用	クラウド事業者が提供するバックアップサービスを利用する形。クライアント側にはバックアップ用のエージェントを導入し、バックアップデータの管理やスケジューリングなどはクラウドサービスによって行われる
クラウドサービスのオプションとしてバックアップを利用	クラウドサービスには、サーバやアプリケーションで利用するデータのバックアップオプションを提供しているものもある。これを利用することで、SaaSやPaaS、IaaSの利用時にも適切なバックアップを行うことが可能となる
異なるクラウドのバックアップサービスを利用	クラウドサービスを利用している場合に、そのサービスの提供元とは別のクラウド事業者によるクラウドストレージやバックアップサービスを利用する形。データの保管先を分散させることで、より確実なバックアップを実現できる

そのほか、機密データのバックアップなどにはプライベートクラウドを利用するという選択肢も考えられます。

chapter 3 クラウドの導入と利用

クラウドを利用したバックアップの例

クラウドストレージサービスを利用

クラウドバックアップサービスを利用

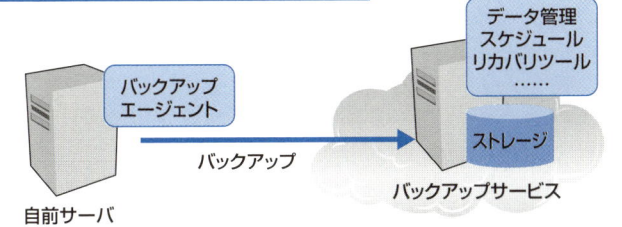

クラウドサービスのオプションとしてバックアップを利用

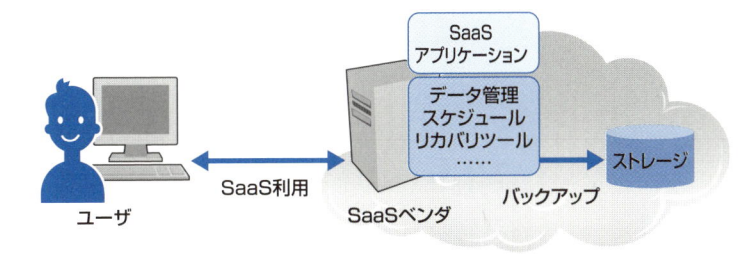

異なるクラウドのバックアップサービスを利用

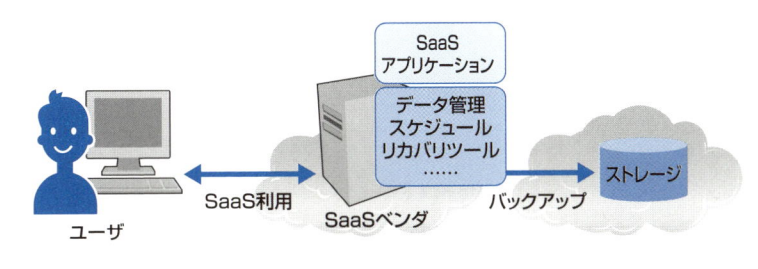

COLUMN

クラウドによるメディアサービス事業

近年、書籍や音楽、映像といったメディア産業において、新しいネットワークメディアの躍進が顕著になってきています。たとえばAmazon.comでは、2011年4月以降、Kindle（同社が発売している電子書籍端末）向けの電子書籍の販売冊数が、プリント版の書籍の販売冊数を上回っていると発表されています。音楽産業にいたっては、2006年にすでにダウンロード販売の市場規模がCDによる販売の市場規模を上回ったという分析結果が公表されていました。

このような市場の動きに連動して、クラウドベンダによるメディアサービス事業への参入が顕著になってきています。Amazon.comは、電子書籍の販売に加えて、クラウドベースの音楽配信サービス「Amazon Cloud Player」を始めました。ユーザが音楽データをクラウド上に置き、PCのWebブラウザやAndroid用アプリケーションを使ってストリーミング再生できるというものです。Googleでは、2011年5月にYouTubeを利用した映画レンタルサービスを発表しました。一方で電子メディア産業で業界をリードしてきたAppleでは、同6月に新しいクラウドサービス「iCloud」と、iCloudと連携させることで複数デバイスでの楽曲の利用を可能にする「iTunes in the Cloud」、クラウドベースの音楽サービスとして「iTunes Match」などを発表しています。興味深いのは、これらのベンダではいずれもクラウドだけでなく、それにつながるデバイスや、一般の消費者につながるマーケットを併せ持っているということです。クラウド市場は、これまで「雲の上」を舞台として競争が行われてきました。しかしメディアサービス事業への参入が進む中で、その舞台は一般の消費者を巻き込んだものへとシフトしつつあります。

4 chapter

さまざまな クラウドサービス

本章では、国内外で提供されている主要なクラウドサービスの数々を紹介します。ここでは、特に企業がビジネスシステムのために採用できることを前提とし、中～大規模での利用も可能なものを中心にピックアップしました。

chapter 4 Google AppsはSaaSの統合ソリューション

1 Googleのクラウドサービス（SaaS編）

独自ドメインでGoogleのSaaS型サービスが利用できる「Google Apps」

　Googleでは、メールサービスの「**Gmail**」や、オフィススイートの「**Googleドキュメント**」、カレンダーサービスの「**Googleカレンダー**」などをはじめとした、多数のSaaS型Webサービスを提供しています。これらのサービスをひとまとめにして独自のドメインで運用できるようにする、企業および団体向けのサービスが「**Google Apps**」です。

　たとえば、Gmailのアドレスは通常であれば「○○○@gmail.com」という形です。Google Appsを利用すれば、このドメイン部分を「○○○@m.gihyo.jp」のように独自のものに変えて、Gmailのメールサービスを利用できます。つまり、Googleの強力なインフラ上に展開されたサービスを、見た目上は企業のサーバで運用されているかのように利用できるということです。

　Google Appsには無料版と有料版が用意されています。無料版は最大10個までのユーザアカウントを作成することができ、各サービスを単体で利用する場合と同等の機能が提供されます。有料版は「**Google Apps for Business**」というサービス名で提供されており、メール容量の増加をはじめとした各種ビジネス向けの拡張機能が利用できるほか、99.9％の稼働率を保証するSLA（5-4参照）や、24時間365日体制の電話サポートなどが付属します。2011年6月現在、60以上のGoogle製サービスがGoogle Appsアカウントから利用できるようになっています。ただし、有償版でもSLAや電話サポートの対象とならないサービスもあります。

　そのほか、「**Google Apps Marketplace**」で購入したサードパーティ製のサービス／ソリューションや、Google App Engine上で提供されているWebサービスを、Google Apps上で利用できるようにすることも可能となっています。

> サービスのURL…http://www.google.co.jp/apps/

chapter 4 さまざまなクラウドサービス

Google Appsで利用できるSaaS型サービス

50人未満のグループ向けに無償で提供されているサービスパック

Google Apps for Business

Google Apps

- Gmail ← 独自ドメインでの運用が可能
- Googleカレンダー ← 独自ドメインでの運用が可能
- Googleドキュメント ← ワープロ、表計算、図形描画、プレゼンテーションなどのオンラインでの作成や共同編集
- Googleサイト ← 社内情報サイトやプロジェクト管理サイトなどの作成
- Googleグループ ← メーリングリストの作成やコンテンツ共有
- Googleトーク ← チャットやメッセンジャーによる社内コミュニケーション

Googleリーダー、Blogger、AdWords、Googleアラート、Googleカスタム検索、Google SketchUp、Google Analytics、Google Checkout、Google翻訳者ツールキット、YouTube、Google AdSense、Googleニュース、Picasaウェブアルバムなど
(SLAやサポートの適用外だが、Google Appsの一部として利用可能)

- メール機能拡張 ← 1ユーザあたり25GBの保存容量、迷惑メールフィルタを含む高度なセキュリティ、BlackBerryやMicrosoft Outlookとの相互運用など
- セキュリティ機能拡張 ← SSOやSSLの適用、パスワード安全度要件のカスタマイズなど
- 信頼性 ← 稼働率99.9%のサービスレベル保証
- サポート ← 24時間365日の無休サポート

※利用可能なサービス一覧:http://www.google.com/intl/ja/enterprise/apps/business/products.html

Google Apps for Businessは、Google Appsにビジネス向けの拡張機能やサービスレベル保証、電話サポートなどを加えて提供される企業向けの有料サービスパック

chapter 4　Googleのインフラを借りるGoogle App Engine

2 Googleのクラウドサービス（PaaS編）

Googleの強力なインフラを利用できる「Google App Engine」

　Google AppsがGoogleによるSaaS型サービスの集合であるのに対し、**プラットフォームを提供するPaaS型のクラウドサービスとして展開**しているのが「**Google App Engine**」（以下、GAE）です。開発者は、GAE上にアプリケーションを配備するだけでWeb上にサービスを公開することができます。

　GAEのアプリケーションの実行環境としては、JavaランタイムとPython高速インタプリタ、Google Go実行環境（試験的サポート）が用意されています。JavaランタイムはJava 6およびJava Webアプリケーション用の一般的なツールやAPIがサポートされるほか、JRubyやJavaScript、ScalaといったJavaVMベースの言語を使用することが可能です。一方、Python高速インタプリタはPython 2.5.2の標準ライブラリをすべて提供するほか、Djangoをはじめとした一般的なWebアプリケーションフレームワークをサポートしています（Python 3は将来サポート予定）。また、コンパイル後のアプリケーションコードのキャッシングによって、Webリクエストに対する迅速な応答を実現します。

　GAE上のアプリケーションはOSへのアクセスが制限されたサンドボックス上で動作し、負荷分散やトラフィックの制限は自動的に行われます。データストアとしては、BigTableと呼ばれるNoSQLタイプの分散データストレージサービスが利用できます。また、URLフェッチやメールの送信などの各種機能をアプリケーションから利用できるようにする「**App Engine サービス**」が提供されています。

　そのほか、「**App Engine for Business**」として稼働率99.9％保証や技術サポート、集中管理コンソール、SQLデータベースのサポートなどが追加されたビジネス向け有償サービスも提供されています。

> サービスのURL…http://code.google.com/appengine/

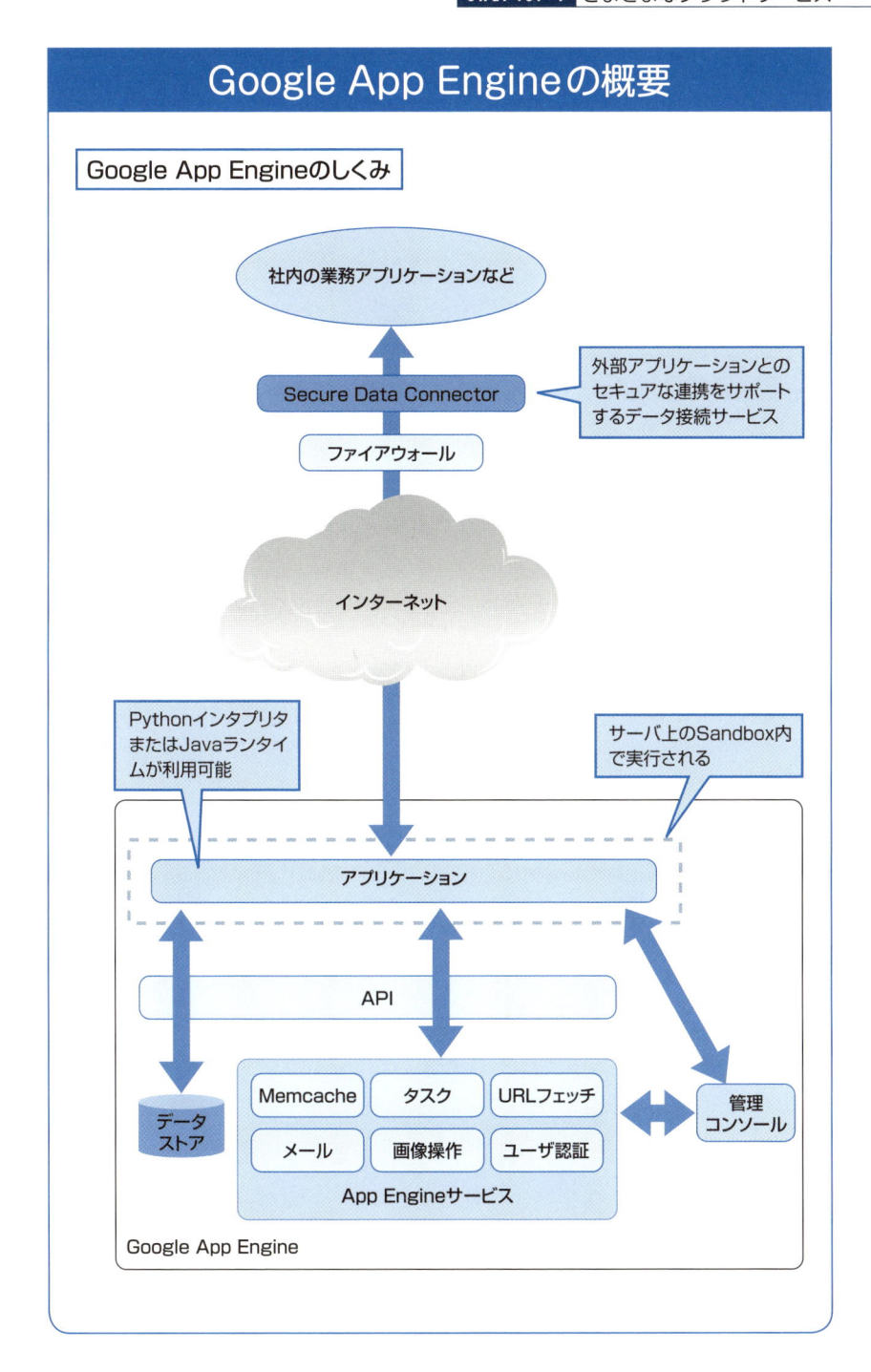

CHAPTER 4 さまざまなクラウドサービス

Google App Engineの概要

Google App Engineのしくみ

社内の業務アプリケーションなど

Secure Data Connector ← 外部アプリケーションとのセキュアな連携をサポートするデータ接続サービス

ファイアウォール

インターネット

Pythonインタプリタまたは Javaランタイムが利用可能

サーバ上のSandbox内で実行される

アプリケーション

API

App Engineサービス
- Memcache
- タスク
- URLフェッチ
- メール
- 画像操作
- ユーザ認証

データストア

管理コンソール

Google App Engine

109

chapter 4　自由度の高いAmazon EC2

3 Amazon.comのクラウドサービス（IaaS編）

自由度の高い仮想コンピューティング環境を提供する「Amazon EC2」

　Amazon.com（以下、Amazon）ではAmazon Web Servicesの一環としてさまざまなクラウドサービスを展開しています。その代表格が「**Amazon EC2**」（Amazon Elastic Compute Cloud、以下EC2）です。**EC2は仮想化技術を利用して提供されるIaaS型のサービスです**。ユーザは、クラウド内に展開された仮想マシンの上に、自由に自前のシステムを構築することができます。

　EC2では、**AMI**（Amazon Machine Image）と呼ばれる、LinuxやWindowsなどがインストールされた状態の仮想マシンのイメージが提供されます。ユーザは任意のAMIを「**EC2インスタンス**」として起動することによって仮想マシンとして利用できるようになります。ただし、EC2インスタンスは停止するとディスクの内容がすべて失われ、初期状態に戻ってしまうという特性を持っています。

　そこでEC2では、EC2インスタンスをストレージサービスの「**Amazon S3**」（Amazon Simple Storage Service、以下S3）にAMI形式で保存するしくみが用意されています。次回起動時には、保存したAMIからEC2インスタンスを展開すればよいというわけです。また、EC2上のサービスとしてEC2インスタンスを停止させてもデータが失われないストレージとして**Amazon EBS**（Amazon Elastic Block Store、以下EBS）も用意されています。EBSはEC2インスタンスからマウントして通常のファイルシステムとして利用することができます。

　EC2は従量課金制であり、EC2インスタンスの起動から停止までの時間を基準に算出されます。また、あらかじめ一定額の料金を支払うことで時間あたりの使用料を割引する制度プランも用意されています。そのほかに、データの転送量やS3の使用容量などに応じた料金が加算されます。

> サービスのURL…http://aws.amazon.com/jp/ec2/

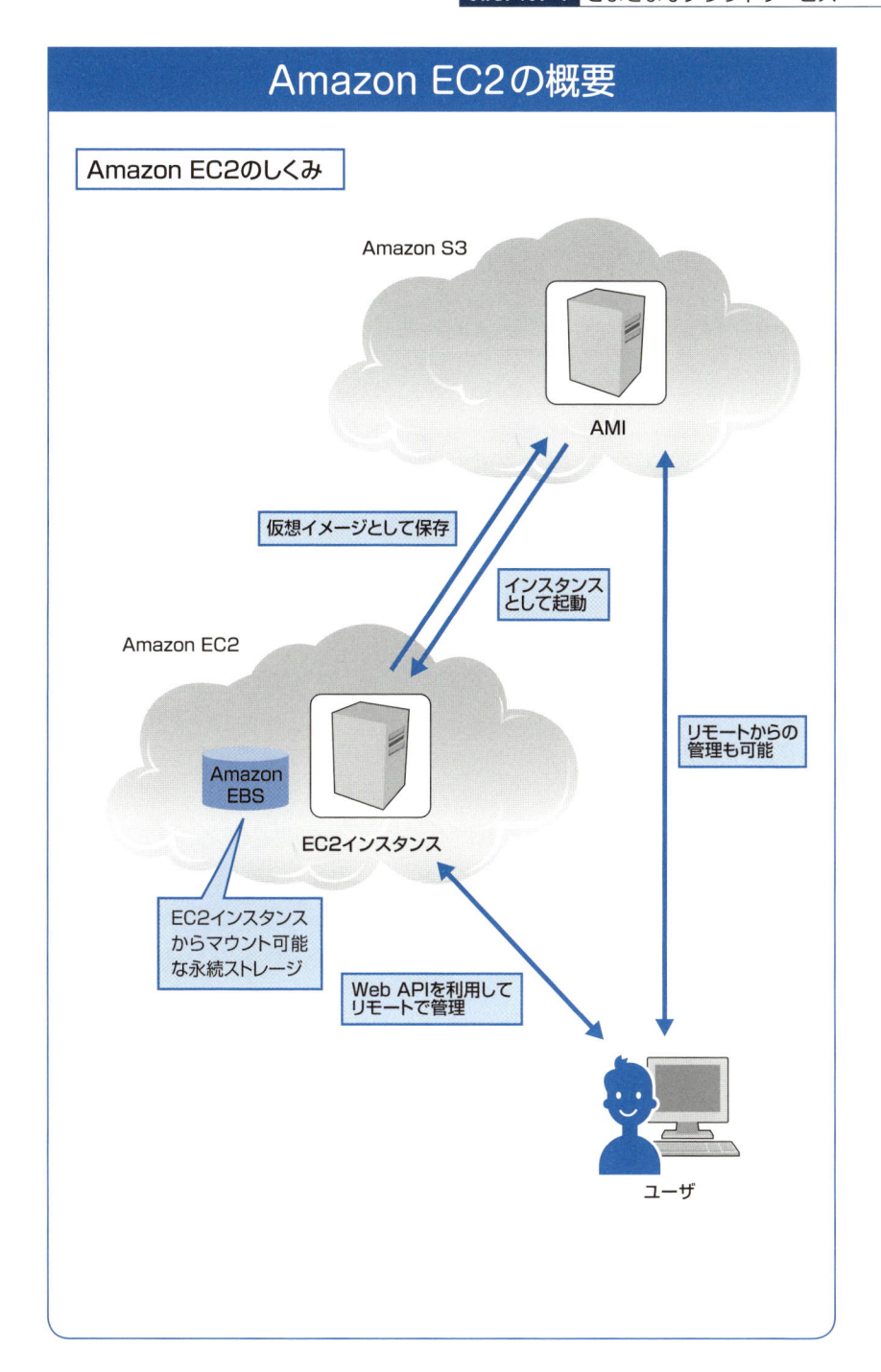

chapter 4 さまざまなクラウドサービス

Amazon EC2の概要

Amazon EC2のしくみ

Amazon S3

AMI

仮想イメージとして保存

インスタンスとして起動

Amazon EC2

Amazon EBS

EC2インスタンス

EC2インスタンスからマウント可能な永続ストレージ

Web APIを利用してリモートで管理

リモートからの管理も可能

ユーザ

111

chapter 4　Amazonのインフラをより手軽に利用できる

4 Amazon.comのクラウドサービス（PaaS編）

Amazon版のPaaSである「AWS Elastic Beanstalk」

　Amazon EC2でIaaS分野をリードしてきたAmazon.com（以下、Amazon）が、2011年1月に新しいサービスとして「**AWS Elastic Beanstalk**」（以下、Beanstalk）を発表しました。これは、開発者がWebアプリケーションをパッケージングしてサーバにアップロードするだけで、そのアプリケーションの展開に必要となるさまざまなリソースの確保を自動的に行い、クラウド上のアプリケーションとして稼働してくれるというサービスです。

　Beanstalkでは、アプリケーションを稼働させるためのキャパシティの確保や負荷分散、スケーリング、システム監視などを自動で行ってくれます。これらは**AWS**（Amazon Web Services）で提供されるさまざまなサービスを利用して提供されます。具体的には、アプリケーションがアップロードされるとAmazon EC2上にインスタンスを起動し、データベースやストレージを使う場合は**Amazon SimpleDB**やAmazon EBS上に領域を確保し、Elastic Load Balancerによる負荷分散やAuto Scalingによる自動スケーリングなどを開始します。

　このしくみは、Beanstalkでは従来EC2で利用できたものと同等の環境がサポートされることを意味しています。つまりBeanstalkは、**IaaS並に自由度の高いインフラをPaaSの容易さで使うことができるサービス**だということです。使用料は、必要となるAWSのリソースやサービスに関するものの合計で計算され、Beanstalkの利用自体には料金はかかりません。

　本稿執筆時点（2011年6月）ではベータ版が開始されており、アプリケーション開発用の言語としてはJavaのみをサポートしていますが、将来的には他の言語もサポートに追加していくとのことです。

サービスのURL…http://aws.amazon.com/jp/elasticbeanstalk/

chapter 4 さまざまなクラウドサービス

AWS Elastic Beanstalkの概要

AWS Elastic Beanstalkのしくみ

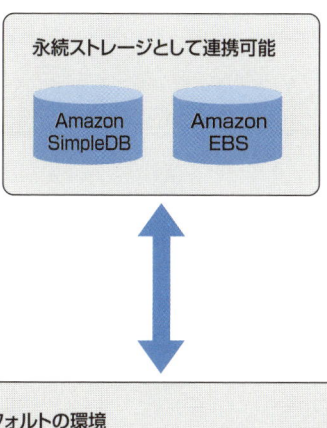

永続ストレージとして連携可能
- Amazon SimpleDB
- Amazon EBS

デフォルトの環境

EC2インスタンス1 … EC2インスタンスn
- アプリケーション
- アプリケーションコンテナ
- Webサーバ
- OS

ログファイル（S3）

Auto Scaling

Elastic Load Balancer

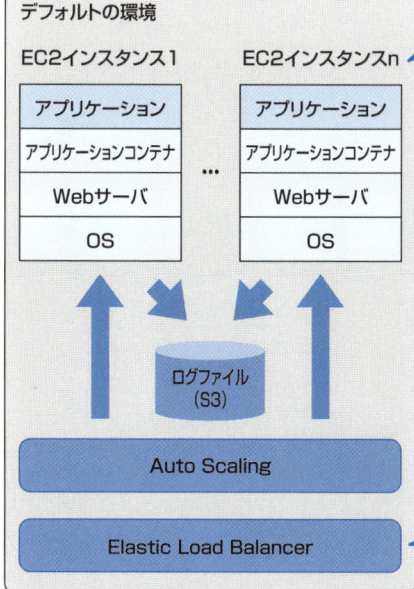

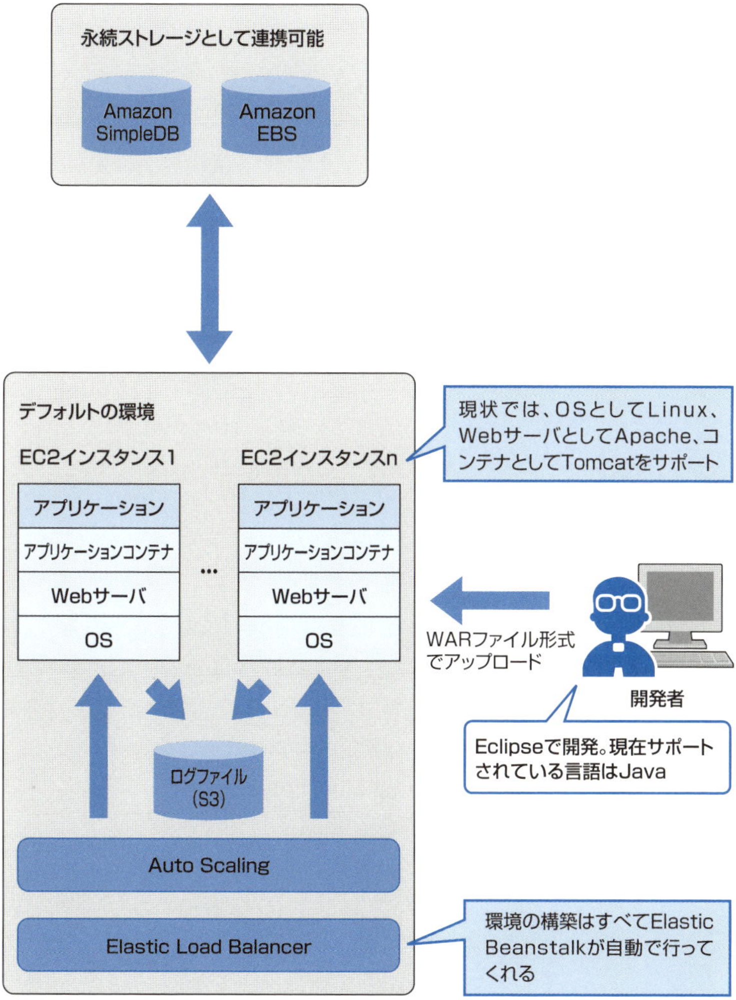

現状では、OSとしてLinux、WebサーバとしてApache、コンテナとしてTomcatをサポート

WARファイル形式でアップロード

開発者

Eclipseで開発。現在サポートされている言語はJava

環境の構築はすべてElastic Beanstalkが自動で行ってくれる

※Amazon SimpleDB、Amazon EBS、Elastic Load Balancer、Auto Scalingは、いずれもAWSで提供されるサービスの一種

113

chapter 4　業務用SaaSの先駆け

5 Salesforce.comのクラウドサービス（SaaS編）

業界をリードするSaaS型業務アプリケーション「Salesforce CRM」

　Salesforce.com（以下、Salesforce）は、**CRM**（Customer Relationship Management）ソリューションを中心としたクラウドサービスを提供している企業です。1999年の設立当初よりSaaS型のCRMアプリケーションサービスである「**Salesforce CRM**」を運営しており、本格的な業務アプリケーションを提供するクラウドベンダとして業界をリードしてきました。

　2011年6月現在、Salesforce CRMには「**Sales Cloud**」と「**Service Cloud**」という2種類のクラウド型アプリケーションがラインナップされています。**Sales Cloudは、企業の営業活動および顧客管理を支援するCRMアプリ**です。営業やマーケティングに関する情報を一元管理し、商談情報のリアルタイムな視覚化や企業内のコラボレーションの促進、統合された分析機能などによって効率的な営業活動を実現します。

　一方で、**Service Cloudは、カスタマーサービスのための各種機能を提供するCRMアプリ**です。コールセンターやWebなどによって顧客をサポートするカスタマーサービスは、顧客満足度の向上に直結する重要な業務です。Service Cloudでは、電話やメール、チャットによるカスタマーサポートの支援や、顧客情報の管理、Sales Cloudとの連携などによって、顧客のニーズに最適化したカスタマーサービスを構築することができます。また、ユーザ同士のコミュニティの開設や、Twitterなどのソーシャルサービスとの連携機能なども備えています。

　上記に加えて企業内のコラボレーションを支援する「**Chatter**」というツールもSaaSによって提供されています。これは前述の2つのサービスに同梱されるツールですが、単体のサービスとしても利用することができます。

サービスのURL…http://www.salesforce.com/jp/crm/products.jsp

chapter 4 さまざまなクラウドサービス

Salesforce CRMの概要

Sales Cloudのおもな機能──企業の営業活動をトータルで支援

リアルタイムコラボレーションツール

- Chatter
- ビジュアルプロセス管理
- メール、オフィスツール
- 商談情報、見積り作成
- Radian6 for Salesforce
- 顧客情報の管理
- マーケティング
- コンテンツライブラリ
- 代理店管理
- 営業分析、売上予測
- モバイル対応
- 類似商談の検索
- AppExchange

AppExchangeアプリの1つで、ブログやSNSなどの他のソーシャルチャネルでのコミュニケーションを可能にする

承認　戦略／分析　営業

マーケットプレイスで提供されている各種ツールを利用できる

Service Cloudのおもな機能──顧客に合わせたカスタマーサービス活動を支援

- Chatter
- ビジュアルプロセス管理
- メール
- コールセンターサポート
- 顧客向けポータルサイト
- 分析ツール
- 契約、SLA管理
- 代理店管理
- ナレッジベース
- モバイル対応
- ソーシャル機能
- AppExchange

顧客　コールセンター　代理店

115

chapter 4　Salesforceのインフラを借りるForce.com

6 Salesforce.comのクラウドサービス（PaaS編）

Salesforce CRMのインフラを利用できるPaaS型サービス「Force.com」

Salesforce.com（以下、Salesforce）が運営する「**Force.com**」は、**Salesforce CRMアプリケーションと同じインフラ上で、独自の業務アプリケーションを開発／運用することができるPaaS型サービス**です。Force.comは以下の5つのサービスから構成されます。

Force.comのサービス

Appforce	ウィザード形式のアプリケーション構築ツールによって、人事管理／財務管理／プロジェクト管理など、さまざまな業務アプリケーションを最小のコーディングで構築することができる
Site.com	ビジュアルな開発環境によってリッチなWebサイトやWebアプリケーション（2-5参照）をすばやく構築することができる。コンテンツ管理やデータベース連携、コンテンツ配信ネットワークなどが統合されている
VMforce	VMWare（2-3参照）を利用した仮想環境上で独自のJavaアプリケーションを構築／運営することができる。JSPやサーブレット、JPA、Springなど、標準的なJavaアプリケーションフレームワークをサポートしている。開発環境としてはEclipseベースの「Spring IDE」を利用する
ISVforce	マルチテナント型のクラウドアプリケーションを構築／提供できる。アプリケーション開発ツール、トライアルおよびプロビジョニングツール、自動アップグレード機能、顧客利用状況のモニタリング機能など提供する
Database.com	エンタープライズ向けのクラウド型データベース。Force.com上のアプリケーションから利用できるほか、独立したサービスとしても利用可能

上記に加えて、SalesforceではRubyベースのPaaSである「**Heroku**」を買収しており、Force.comのプラットフォームに統合されています。

> サービスのURL…http://www.salesforce.com/jp/platform/
> http://heroku.com/

chapter 4 さまざまなクラウドサービス

Force.comの概要

Force.comで提供されるサービス

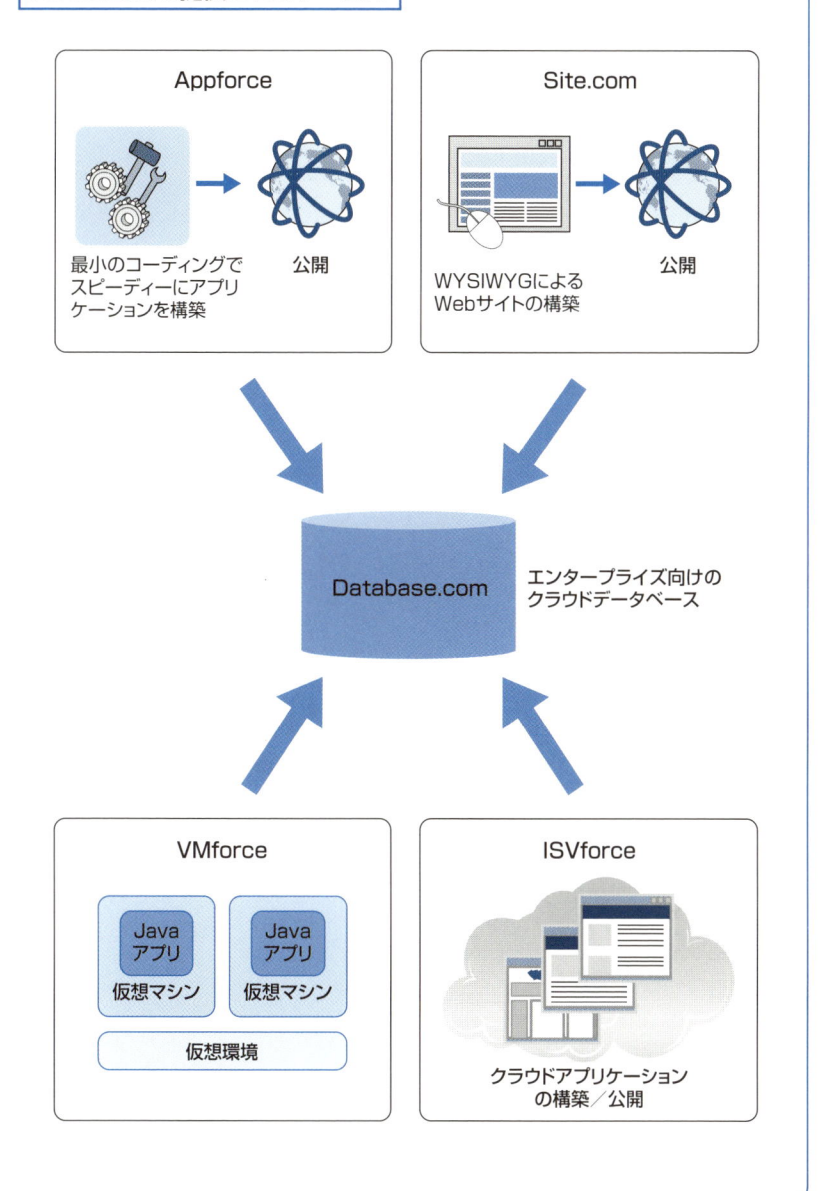

Appforce
最小のコーディングでスピーディーにアプリケーションを構築 → 公開

Site.com
WYSIWYGによるWebサイトの構築 → 公開

Database.com
エンタープライズ向けのクラウドデータベース

VMforce
Javaアプリ 仮想マシン／Javaアプリ 仮想マシン／仮想環境

ISVforce
クラウドアプリケーションの構築／公開

117

chapter 4 デスクトップとクラウドを融合させるMicrosoftのSaaS

7 Microsoftのクラウドサービス（SaaS編）

個人向けのWindows Live、ビジネス向けのMicrosoft Office Live Small Business

　Microsoftが提供するSaaSと言えば「**Windows Live**」です。Windows Liveの特徴は、**Webサービスだけでなく、デスクトップ向けのアプリケーションの配布も統合的にサポートしている**点です。Windows Liveのユーザは無料で取得可能な「**Windows Live ID**」と呼ばれるアカウント1つで、さまざまなWebサービスの利用やアプリケーションのダウンロードを行うことができます。

　Windows Liveでは、メールやストレージ、カレンダーやブログ、ファイルやスケジュール共有などといったオンラインサービスが利用できます。また、デスクトップ向けのアプリケーションとしてメーラーやメッセンジャー、フォトアルバムなどをダウンロードすることができます。デスクトップとクラウド双方のメリットを生かす形で融合させたのがWindows Liveと言えます。

　ビジネス向けのサービスとしては、「**Microsoft Office Live Small Business**」が提供されています。これは**小規模な事業者向けのサービス**で、電子メールやWebサイトの構築、情報やファイルの共有、スケジュール管理、顧客管理といった、日常の業務に不可欠な機能を提供するものです。独自ドメインでの運用にも対応しています。基本機能は無料で利用することができ、アカウントやディスクスペースを追加する有料オプションが用意されています。

　Microsoftでは、Office Live Small Businessに代わるサービスとして「**Microsoft Office 365**」を準備しています。これはMS Officeと互換性のあるオンライン版のOfficeアプリケーションを含む、**より高度な業務向けサービス**です。本稿執筆時点ではテスト目的のベータ版が公開されています。

> サービスのURL…http://windowslive.jp/msn.com/

chapter 4　さまざまなクラウドサービス

MicrosoftのSaaS型ソリューションの概要

Windows Liveで利用できるWebサービスとアプリケーション

オンラインで利用できるWebサービス

- **Hotmail**：容量無制限のWebメール
- **SkyDrive**：25GBのオンラインストレージ
- **プロフィール**：項目ごとに公開対象を設定可能
- **カレンダー**：複数のカレンダーを一括管理
- **グループ**：ファイルやカレンダーの共有、メーリングリストなどが使える
- **モバイル**：ケータイからメッセンジャー、Hotmail、ブログなどを使える
- **スペース**：フォトアルバムやコミュニケーション機能が充実したブログ

PCにインストールして使えるアプリケーション

- **メール**：Outlook Expressの後継版となるメールソフト
- **メッセンジャー**：テキストやビデオチャットができるインスタントメッセンジャー
- **フォトギャラリー**：写真や動画の整理、編集、共有が可能なアルバムソフト
- **ムービーメーカー**：動画やスライドショーを作成できる動画編集ソフト
- **Writer**：オフラインでもブログの作成や編集ができるブログ編集ソフト
- **ファミリーセーフティ**：子供のインターネット利用のコントロールが可能
- **Mesh**：複数PC間でのフォルダ同期やリモートデスクトップ操作が可能

Microsoft Office Live Small Businessで利用できるサービス

無料サービス
- Webサイト構築
- ドキュメントの保存と共有
- Webホスティング
- 顧客情報管理
- ドメインのリダイレクト
- ビジネスアプリケーション
- 電子メールアカウント
- 技術サポート

有料オプション
- 独自ドメイン
- 広告なしの電子メール
- 追加ディスク容量
- 追加ユーザ

chapter 4　クラウド上のWindows環境

8 Microsoftのクラウドサービス（PaaS編）

クラウド版Windowsプラットフォーム「Windows Azure Platform」

「**Windows Azure Platform**」（以下、Azure Platform）は、Microsoftが運営しているPaaS型のクラウドサービスです。仮想化されたインフラの上に、Windows Serverをはじめとしたサーバ製品をベースとするプラットフォームが構築されているため、アプリケーション開発者にとっては**.NET FrameworkやVisual Studioによる開発ノウハウを生かせる**というメリットがあります。

Azure Platformは**コンピュートサービス、ストレージサービス、SQL Azureデータベースサービス**の3つを核として構成されています。コンピュートサービスはプログラムを動作させるための環境を提供するサービスです。Azureでは**ロール**と呼ばれる仮想インスタンスの上でプログラムを走らせます。コンピュートサービスではWebサーバとしての機能を持つ「**Webロール**」と、バックグラウンド処理のための「**Workerロール**」を使うことができます。

ストレージサービスは、NoSQL（2-16参照）なデータベースをはじめとしたスケーラブルなデータ保管サービスです。一方でSQL Azureは、SQL ServerをベースとしたRDBMSであり、SQLを前提とした従来のアプリケーションをそのまま移植できるというメリットがあります。

上記に加えて、2012年6月からAzureプラットフォーム上でIaaS機能も提供されるようになりました。これによって、Windows Serverだけでなく Linuxの仮想マシンを配置して利用できるようになったほか、仮想ネットワークを使った独自のインフラを構築することが可能になっています。

サービスのURL…http://www.windowsazure.com/ja-jp/

chapter 4 さまざまなクラウドサービス

Microsoft Windows Azureの概要

Windows Azureプラットフォームの全体像

.NET FrameworkやVisual Studio
で開発できる

開発者　　既存のアプリケーション

SOAP／REST／
XMLによる連携
が可能

カスタムアプリケーション

Windows Azureプラットフォーム

ミドルウェア
サービス群　　Windows Azure AppFablic　Fablicコントローラ

計算資源を提供す
るプラットフォーム
サービス

Windows Azure
コンピュートサービス
Webロール　Workerロール

SQL
Azure
データベース

Windows Server
2008 R2を稼働
できるVMインスタ
ンス

Windows Azure
VMロール

Windows Azure
ストレージサービス

System Center

スケーラブルなストレージサービス
- Table：Key-Value ストア
- Queue：メッセージング
- BLOB：大容量バイナリ

SQL Server 2008を
ベースにしたRDBMS

121

chapter 4　IBMのクラウド戦略

9　IBMのクラウドサービス

IBMのノウハウが凝縮された豊富なクラウドサービス群

　日本IBMでは、同社が長年にわたって培ってきたハードウェア、ソフトウェア、サービスの技術やノウハウを横断的に統括し、顧客のニーズに合った製品／サービスをクラウドソリューションとして提供していくという戦略を取っています。したがって、特定の機能が提供されるという形ではなく、「**IBMの持つITソリューションそのものがサービスとして提供されている**」と考えるのが的確かもしれません。

　具体的にどのようなサービスが提供されているかは、「**IBM Smart Businessクラウドポートフォリオ**」としてまとめられています。同ポートフォリオでは解析、コラボレーション、デスクトップと端末、開発とテスト、コンピューティング、ストレージのそれぞれを対象として、パブリッククラウドとプライベートの両方をカバーする形で各種サービスを提供しています。

　中でも、パブリッククラウドのIaaSおよびPaaSにあたるのが「**MCCS**」(**マネージドクラウドコンピューティングサービス**)です。MCCSはデータセンターで管理されるサーバ資源、OSおよびミドルウェアを提供し、そのうえで任意のシステムやアプリケーションを稼働させることができる従量課金型のサービスです。OSとミドルウェアは顧客側で管理することも可能です。

　そのほか、「**Smart Businessデスクトップクラウドサービス**」は仮想化されたデスクトップのホスティング環境を提供するサービスで、いわゆるDaaSと呼ばれる種類のものです。「**Smart Business開発＆テストクラウドサービス**」は仮想サーバ上でエンタープライズシステムの開発／テスト環境を提供するIaaSの一種です。

　2012年7月現在は名称が変更され、「IBMSmarterCloud」という名称で各種サービスやソリューション群の展開を行っています。」

> サービスのURL…http://www-06.ibm.com/ibm/jp/cloud/

CHAPTER 4　さまざまなクラウドサービス

IBMによるクラウドサービスの概要

IBMのSmart Businessクラウドポートフォリオ

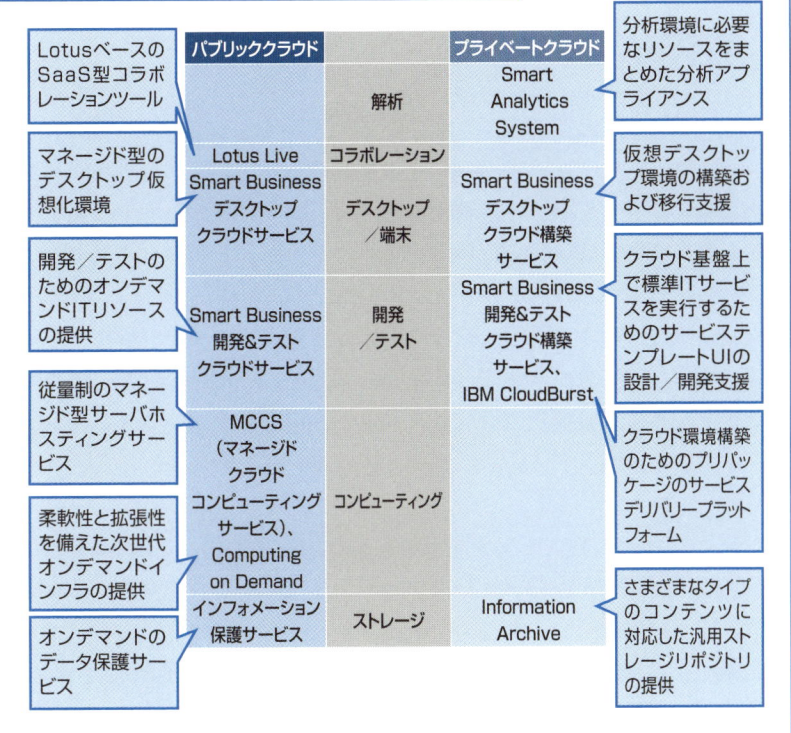

	パブリッククラウド		プライベートクラウド	
Lotusベースの SaaS型コラボレーションツール		解析	Smart Analytics System	分析環境に必要なリソースをまとめた分析アプライアンス
マネージド型のデスクトップ仮想化環境	Lotus Live Smart Business デスクトップクラウドサービス	コラボレーション デスクトップ／端末	Smart Business デスクトップクラウド構築サービス	仮想デスクトップ環境の構築および移行支援
開発／テストのためのオンデマンドITリソースの提供	Smart Business 開発&テストクラウドサービス	開発／テスト	Smart Business 開発&テストクラウド構築サービス、 IBM CloudBurst	クラウド基盤上で標準ITサービスを実行するためのサービステンプレートUIの設計／開発支援
従量制のマネージド型サーバホスティングサービス	MCCS（マネージドクラウドコンピューティングサービス）、 Computing on Demand	コンピューティング		クラウド環境構築のためのプリパッケージのサービスデリバリープラットフォーム
柔軟性と拡張性を備えた次世代オンデマンドインフラの提供				
オンデマンドのデータ保護サービス	インフォメーション保護サービス	ストレージ	Information Archive	さまざまなタイプのコンテンツに対応した汎用ストレージリポジトリの提供

IBMマネージドクラウドコンピューティングサービスの概念図

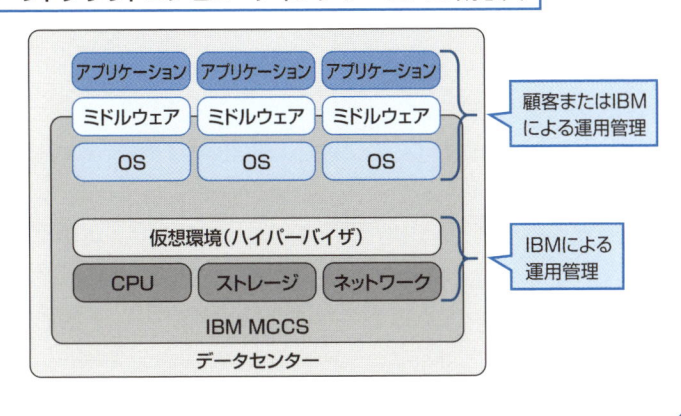

```
┌─────────────────────────────────────┐
│ [アプリケーション][アプリケーション][アプリケーション] ─┐
│ [ミドルウェア] [ミドルウェア] [ミドルウェア]      │顧客またはIBM
│ [OS]      [OS]      [OS]              ─┘による運用管理
│                                      │
│ ┌─仮想環境（ハイパーバイザ）──┐      ─┐
│ │ [CPU][ストレージ][ネットワーク]│      │IBMによる
│ └────────────────┘      ─┘運用管理
│          IBM MCCS                    │
│         データセンター                │
└─────────────────────────────────────┘
```

123

chapter 4　Oracleのクラウド戦略

10 Oracleのクラウドサービス

強力なサーバ製品群に支えられたOracleのクラウド

　Oracleの場合、クラウドの構築基盤として利用できるハードウェアやソフトウェアの提供に特に力を注いでいます。クラウドを利用する側の企業としては、他のクラウドベンダのサービスを利用する際に、間接的にOracleの技術に触れる機会が多いかもしれません。たとえばAmazon.comが提供しているAmazon EC2では、Oracle DatabaseやOracle Enterprise Managerなどをインストール済みの仮想マシンイメージが利用できます。これによって、クラウドアプリケーション内でのデータベース環境としてOracle製品を利用できるようになっています。

　Oracle自身が展開しているクラウドサービスとしては、オンデマンドソリューション「**Oracle on Demand**」で提供される「**Oracle CRM On Demand**」や「**Oracle Beehive On Demand**」があります。「**Oracle CRM On Demand」はオンデマンドで利用可能なCRM（Customer Relationship Management）ツール**であり、高機能な分析機能を標準搭載した顧客管理ツールが利用可能です。「Oracle Beehive On Demand」は、**セキュアかつ包括的なエンタープライズコラボレーションプラットフォーム**であり、ワークスペースや電子メール、カレンダー、インスタントメッセージングなどの機能を利用することができます。

　そのほか、OracleではSaaSベンダ向けのサービスとして**Oracle Platform for SaaS**も展開しています。これは同社のデータベースやミドルウェア製品をベースとしたサービスで、SaaSやクラウドベースのアプリケーションの開発やデプロイ、管理を効率化する技術セットを利用することができます。

サービスのURL…http://www.oracle.com/jp/solutions/cloud/overview/

chapter 4 さまざまなクラウドサービス

Oracleのクラウドソリューション

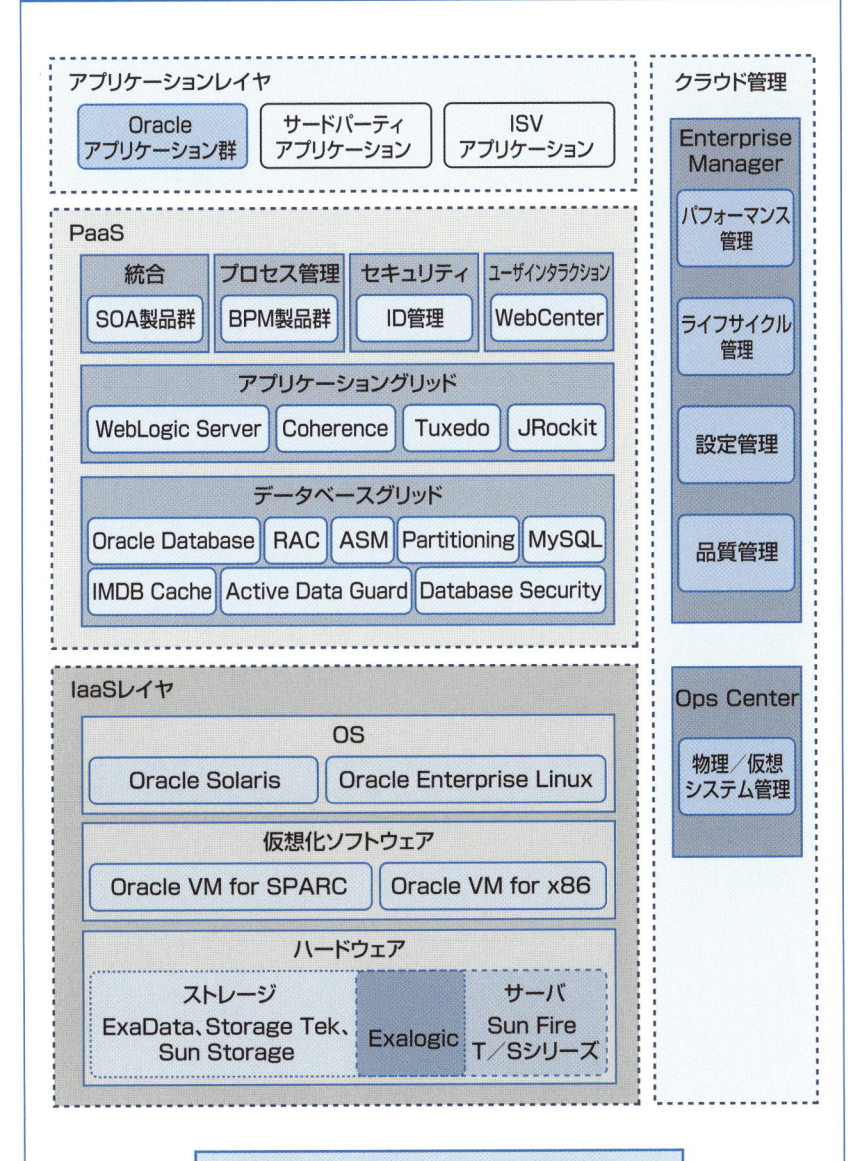

アプリケーションレイヤ
- Oracleアプリケーション群
- サードパーティアプリケーション
- ISVアプリケーション

PaaS

統合	プロセス管理	セキュリティ	ユーザインタラクション
SOA製品群	BPM製品群	ID管理	WebCenter

アプリケーショングリッド
- WebLogic Server
- Coherence
- Tuxedo
- JRockit

データベースグリッド
- Oracle Database
- RAC
- ASM
- Partitioning
- MySQL
- IMDB Cache
- Active Data Guard
- Database Security

IaaSレイヤ

OS
- Oracle Solaris
- Oracle Enterprise Linux

仮想化ソフトウェア
- Oracle VM for SPARC
- Oracle VM for x86

ハードウェア
- ストレージ: ExaData、Storage Tek、Sun Storage
- Exalogic
- サーバ: Sun Fire T/Sシリーズ

クラウド管理

Enterprise Manager
- パフォーマンス管理
- ライフサイクル管理
- 設定管理
- 品質管理

Ops Center
- 物理/仮想システム管理

豊富なサーバ製品群／ミドルウェア製品群で、クラウドプラットフォーム基盤の構築を強力にバックアップ

chapter 4　ニフティが提供する純国産IaaS

11　ニフティのクラウドサービス

5分でセットアップ可能な純国産IaaS「ニフティクラウド」

　コンシューマ向けに多数のサービスを提供してきたニフティ株式会社が、そのサービス基盤を活用して提供しているのが「**ニフティクラウド**」です。**ニフティクラウドは仮想化されたサーバリソースを提供するIaaS型のパブリッククラウド**であり、すべてのサーバが国内のデータセンターで運営される**純国産のクラウドサービス**となっています。

　ニフティクラウドの特徴は、利用開始からサーバの稼働までのセットアップをわずか5分で行える、その手軽さです。サーバの追加や削除、スペック変更などもWeb上のコントロールパネルからオンデマンドに行うことができるので、負荷状況に応じて柔軟にリソースの増強や縮退を行うことができます。料金プランについても、従量課金制と月額課金制の両方が用意されており、利用開始後の切り替えも可能なため、ビジネスの動静に合わせたコストの最適化が可能です。外資系クラウドベンダとは違い、データセンターがすべて日本国内に設置されているため、レイテンシがきわめて低いという点も大きな特徴です。国内のスタッフによる運用サポートが受けられるという安心感も魅力の1つとなっています。

　利用可能なOSとしては、2012年7月現在でCent OSとRed Hat Enterprise Linux、そしてMicrosoft Windows Server 2008 R2が用意されています（Windows Serverのみ有料）。サーバの管理はすべてWebコンソールから行うことができるため、高度な専門知識を持たなくても利用することが可能です。また、オプションのロードバランサや監視サービス、オートスケールサービスなどを活用することで、信頼性の高いシステム基盤を構築することもできるようになっています。

サービスのURL…http://cloud.nifty.com/

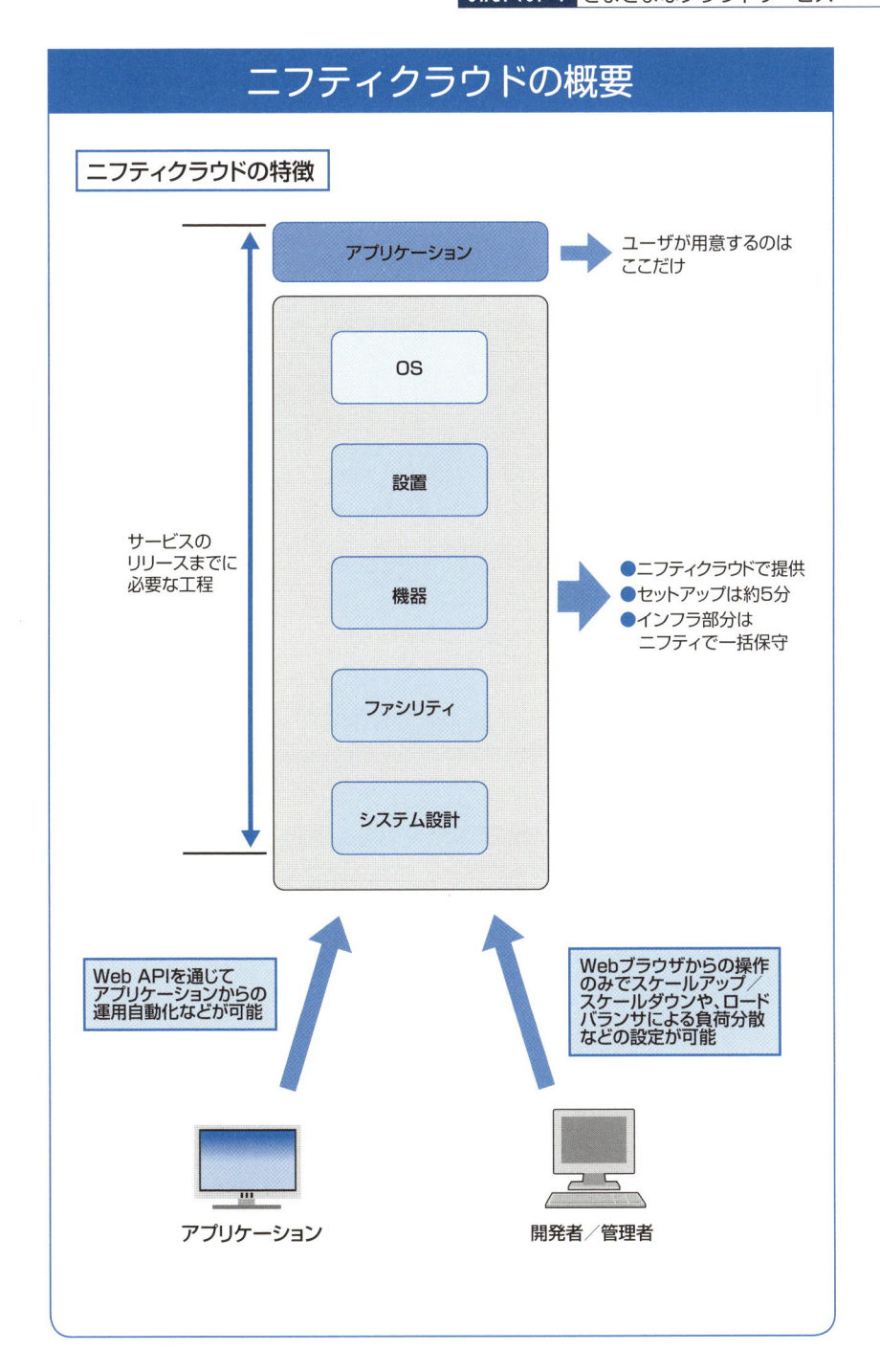

ニフティクラウドの概要

ニフティクラウドの特徴

サービスの
リリースまでに
必要な工程

- アプリケーション → ユーザが用意するのはここだけ
- OS
- 設置
- 機器
- ファシリティ
- システム設計

→
- ニフティクラウドで提供
- セットアップは約5分
- インフラ部分はニフティで一括保守

Web APIを通じて
アプリケーションからの
運用自動化などが可能

↑ アプリケーション

Webブラウザからの操作
のみでスケールアップ／
スケールダウンや、ロード
バランサによる負荷分散
などの設定が可能

↑ 開発者／管理者

chapter 4　世界的なクラウドサービスの先駆け

12 Rackspaceのクラウドサービス

ビジネスの成長に合わせた拡張が可能な「The Rackspace Cloud」

　Rackspaceはアメリカのホスティングプロバイダであり、早い時期から「**The Rackspace Cloud**」というブランドでクラウドサービスの提供に取り組んできた企業です。現在のところ日本にはオフィスを構えていませんが、アメリカの他にヨーロッパやオーストラリア、香港などに拠点およびデータセンターを持ち、世界規模でサービスを展開している代表的なクラウドベンダです。

　The Rackspace Cloud は、「**Cloud Servers**」「**Cloud Files**」「**Cloud Sites**」の3つのサービスから構成されます。「Cloud Servers」は、**仮想化技術を用いた従量制のオンデマンドサーバサービス**であり、動的にスケーリング可能な仮想マシンの上で動作するLinuxまたはWindows Server環境を利用できます。

　「Cloud Files」は、**容量無制限で利用可能な従量制のファイルストレージサービス**です。ファイルマネージャAPIによって簡単にファイルにアクセスできる点が特徴です。またAkamaiをベースとしたCDN（コンテンツ配信ネットワーク）をサポートしているため、音楽や動画をはじめとした大容量コンテンツのためのストレージとしても利用することができます。

　「Cloud Sites」は、**スケーラブルなWebサイトをすばやく構築するためのWebホスティングサービス**です。仮想環境をはじめとするクラウド技術によって構築されたインフラをベースとしているため、用途に応じて柔軟にスケーリングできることなどが通常のWebホスティングとの違いになります。また、上記に加えてロードバランサーの機能をオンデマンドで利用可能な「Cloud Load Balancer」といったサービスも提供されています。

> サービスのURL…http://www.rackspace.com/cloud/

chapter 4　さまざまなクラウドサービス

The Rackspace Cloudの概要

多くのプログラミング言語と
フレームワークがサポートさ
れている

Webホスティングサービス
- サイトおよびデータベース構築のための
オンラインソフトウェア
- 50GBのスケーラブルなストレージ
- 月あたり500GBの転送量
- 月あたり10,000 compute cycles
- 24時間365日体制のサポート
- Linux(LAMP)およびWindows(.NET)
をサポート

Cloud Sites

Cloud Servers

Cloud Files

仮想サーバサービス
- 各種LinuxおよびWindows Server
をサポート
- 動的なスケーリング
- オープンソースのAPIによるアクセス
- 使った分だけ支払う従量課金制

ファイルストレージサービス
- 容量無制限（1ファイルの上限は5GB）
- 万全のセキュリティ
- 柔軟なスケーリング
- 使った分だけ支払う従量課金制
- Akamai CDNによるコンテンツ配信
- OpenStackベースのアーキテクチャ

オープンソースの技術がベー
スになっているから汎用性が
高い

メディア配信にも使える

129

chapter 4　クラウドでビジネスの創造をサポートする

13 富士通のクラウドサービス

クラウドをビジネス創造のためのICT基盤として活用する

　富士通株式会社では、クラウドを「**新しいビジネスを創造する場としてのICT（情報通信技術）基盤**」としてとらえ、これを活用するためのクラウド基盤および各種ソリューション、支援サービスやSIサービスなどをトータルで提供しています。同社の強みは、**長年にわたり豊富なSIサービスの提供やデータセンターの運用を行ってきた経験とノウハウ**です。その強みを生かし、幅広いソリューションラインナップによって顧客のあらゆるニーズに対応し、最適なICT基盤の構築をサポートするのが同社のクラウドサービスです。

　同社のパブリッククラウドサービスは、SaaS、DaaS、PaaS、IaaS、Networkの5つのレイヤで構成されます。「SaaSレイヤ」ではカスタマーサポート、営業支援、オフィススイート、勤怠管理、コンテンツ配信など、業務で使う各種アプリケーションがWebサービスとして提供されます。また、教育機関や製造業といった特定業種に特化したSaaSも多数提供されています。

　「DaaSレイヤ」ではオンラインで利用可能な仮想デスクトップ環境が、「PaaSレイヤ」ではクラウド上でのアプリケーション開発／実行／運用環境と、それらのアプリケーションで利用可能なユーティリティ群が提供されます。「IaaSレイヤ」で提供されるのは、サーバやストレージ、OS、ミドルウェアなどを必要なときに必要な分だけ利用できるシステムリソースサービスです。そしてこれらのクラウド環境を、人やモノをネットワークでつなぐことによって場所を選ばずに利用できるようにするのは「Networkレイヤ」のサービスです。

　そのほか、プライベートクラウド環境やハイブリッドクラウド環境、そしてクラウド化したシステムの構築や運用、保守をサポートするクラウド支援サービスなども提供されています。

サービスのURL…http://jp.fujitsu.com/solutions/cloud/

chapter 4 さまざまなクラウドサービス

富士通のパブリッククラウドサービス

SaaS──Webアプリケーション群

共通業務向けSaaS
- カスタマーサポート
- 営業支援
- オフィススイート
- 勤怠管理
- コンテンツ配信など

特定業種向けSaaS
- 自治体
- 教育機関
- 製造業
- 流通業
- 農業など

DaaS──仮想デスクトップサービス

ワークプレイス-LCMサービス

PaaS──アプリケーションプラットフォームサービス

アプリケーション開発／実行／運用環境
- Java版
- .NET版

ユーティリティ群

IaaS──システムリソースサービス

オンデマンドホスティングサービス
- Windows
- Linux
- VMware

オンデマンド仮想システムサービス

Network──ネットワークサービス

- FENICSⅡ ユニバーサルコネクト
- FENICSⅡ M2Mサービス
- FENICS ビジネスWVS ネットワークサービス

FGCP/A5（Windows Azureサービス）

- インテグレーションサービス
- セキュリティサービス
- マネージメントサービス

ICTのすべての分野をカバーするノウハウを、クラウドサービスという形で利用できる

131

chapter 4 クラウドでビジネスの全ライフサイクルをサポート
14 NECのクラウドサービス

豊富な基盤技術に支えられた業務システム向けトータルソリューション

　日本電気株式会社（以下、NEC）では、豊富な実績を持つ製品や基盤技術をベースとして「**クラウド指向サービスプラットフォームソリューション**」を展開しています。これはITインフラを提供するだけでなく、**システムの構築からサービスの運用までを一貫してサポートする**、業務システムのためのトータルソリューションです。

　クラウド指向サービスプラットフォームソリューションは、大別すると**コンサルティングサービス**、**アプリケーションサービス**、**プラットフォームサービス**の3つに分かれます。「コンサルティングサービス」は、クラウドの導入や、クラウド化されたシステムの運用／保守をサポートするサービスです。顧客のビジネスを分析し、そのプロセス改善や最適なクラウド導入プランの作成など、NECのノウハウを生かしたサポートを受けることができます。

　「アプリケーションサービス」は、ビジネスで利用するさまざまなアプリケーションをオンデマンドで提供するサービスです。パブリックなSaaSとして提供されるアプリケーションの他に、複数の同業者が共同で利用する共同センター型で提供されるものや、顧客ごとに個別にシステムを構築して提供するものがあります。

　「プラットフォームサービス」は、業務システムのためのITインフラをサービスとして提供するものです。一般的なIaaSやPaaSと呼ばれるタイプのサービスとしては、ハードウェアやOS、ミドルウェアなどを組み合わせてサービスとして提供する「**RIACUBE**」や、SaaSアプリケーションの開発や運用に利用できる機能を提供する「**RIACUBE/SP**」があります。それに加えて、企業でのITシステムの利用形態に合わせて活用できる各種サービスがラインナップされています。

> サービスのURL…http://www.nec.co.jp/solution/cloud/

chapter 4　さまざまなクラウドサービス

NECのクラウド指向サービスプラットフォームソリューション

コンサルティングサービス
NECのノウハウをサービス化

- **ビジネスモデルコンサルティングサービス（業務プロセス改革）**
  全体最適化を実現する業務プロセスの改善をサポート

- **クラウド化クイックアセスメント**
  業務状況を分析し、クラウド化の意義や適用する領域、期待効果やロードマップなどを提言する

- **クラウド化企画サービス**
  業務プロセスに対する最適なクラウドサービスの形態を定義し、適用方法やロードマップ、導入効果を見える化する

アプリケーションサービス
ビジネスニーズに応じたサービスの組み合わせが可能

- **業種別サービス**
  - 公共／医療
  - 金融
  - 教育
  - 製造
  - 流通
  - サービス

- **業種共通サービス**
  - **基幹業務領域**：ERPや購買システム、信販サービスなど
  - **フロントオフィス領域**：オフィススイートや文書管理、コミュニケーションなど
  - **新領域**：RFID活用やデジタルサイネージなど

- **中堅／中小企業向けサービス**
  顧客ごとに最適化されたSaaS型サービスをワンストップで提供する

プラットフォームサービス
ITシステムの利用形態に合わせたサービスが選べる

IT基盤サービス
- **共通基盤サービス「RIACUBE」**
  ハードウェア、OS、ミドルウェアなどのITインフラを、運用／保守までトータルでサービス化して提供
- **SaaS基盤オプション「RIACUBE/SP」**
  SaaSアプリケーションの開発に必要なユーザ認証やアクセス制御などの基本機能および汎用コンポーネントを提供
- **IaaS型のパブリッククラウドサービス「BIGLOBEクラウドホスティング」**

その他
- **シンクライアントサービス**
  シンクライアントシステムをアウトソーシングサービスとして提供
- **オンサイトサービス**
  サーバやPCの運用／保守を常駐やリモート操作によってサポート
- **オンデマンド型ネットワークサービス**
  電話システムやネットワークシステムを従量課金方式で提供
- **クライアントマネージメントサービス**
  パソコンの導入から保守、更新にいたるまでのライフサイクル全体をサービスとして提供

chapter 4　プライベートもパブリックもワンストップで
15 NTTデータのクラウドサービス

エンタープライズ向けの統合クラウドソリューション「BizXaaS」

　株式会社NTTデータでは、「**BizXaaS**」（**ビズエクサース**）のブランド名でエンタープライズ向けの統合的なクラウドソリューションを展開しています。BizXaaSには、顧客の要件に合わせたプライベートクラウドやコミュニティクラウドを提供する「**クラウド構築／運用サービス**」と、共同利用型のパブリッククラウドを提供する「**クラウドプラットフォームサービス**」の2種類のサービスが用意されています。

　「クラウド構築／運用サービス」では、「**最適化コンサルティング**」「**マイグレーション**」「**クラウド構築**」「**運用管理**」の4つのサービスメニューが用意されています。この一連のサービスによって、既存システムのクラウド環境に合わせた最適化やマイグレーション、ビジネス要件に基づいたシステムの構築、そして性能管理やプロビジョニングといった運用管理にいたるまで、システムのライフサイクル全般にわたる統合的なサポートを受けることができます。

　一方の「クラウドプラットフォームサービス」は、SaaS、PaaS、IaaSという**3つのクラウドのタイプをすべて備えた総合的なパブリッククラウド**です。このうち、IaaSはいわゆるデータセンターサービスであり、仮想化を利用したスケール可能なサーバマシンリソースが提供されます。SaaSでは、企業のフロントオフィスからバックオフィス業務までをカバーする豊富なアプリケーションが用意されており、これをワンストップで利用できます。PaaSでは、SaaSで提供されるアプリケーション群をベースに、これをカスタマイズするためのツールや、組み合わせて利用するためのサービスなどが提供されます。また、一部のインフラを用いて独自のアプリケーションを開発／運用することもできます。

> サービスのURL…http://bizxaas.net/

chapter 4　さまざまなクラウドサービス

NTTデータの統合クラウドソリューション「BizXaaS」

クラウド構築／運用サービス
顧客のビジネスに特化したクラウドの実現をサポート

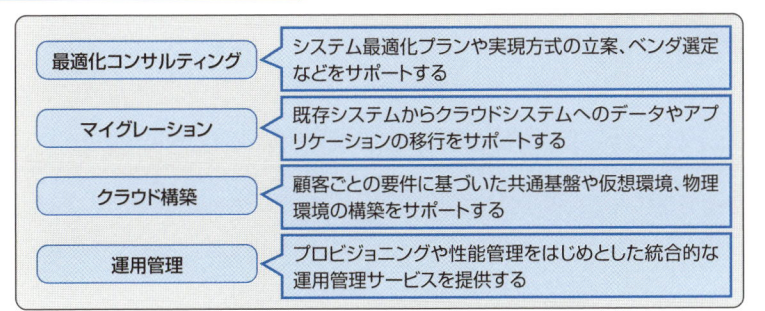

最適化コンサルティング	システム最適化プランや実現方式の立案、ベンダ選定などをサポートする
マイグレーション	既存システムからクラウドシステムへのデータやアプリケーションの移行をサポートする
クラウド構築	顧客ごとの要件に基づいた共通基盤や仮想環境、物理環境の構築をサポートする
運用管理	プロビジョニングや性能管理をはじめとした統合的な運用管理サービスを提供する

BizXaaSのクラウド構築を利用したクラウド共通基盤

		保守／運用管理
ハードウェア	アプリケーション	
	開発フレームワーク	
	ミドルウェア	
	OS	
	仮想環境	
ハードウェア	ハードウェアリソース	
ファシリティ	顧客のデータセンター ／ NTTデータのデータセンター	
ネットワーク	顧客の既存回線 ／ NTTデータのプライベート回線	

クラウドプラットフォームサービス
迅速／安価にクラウドを導入できる

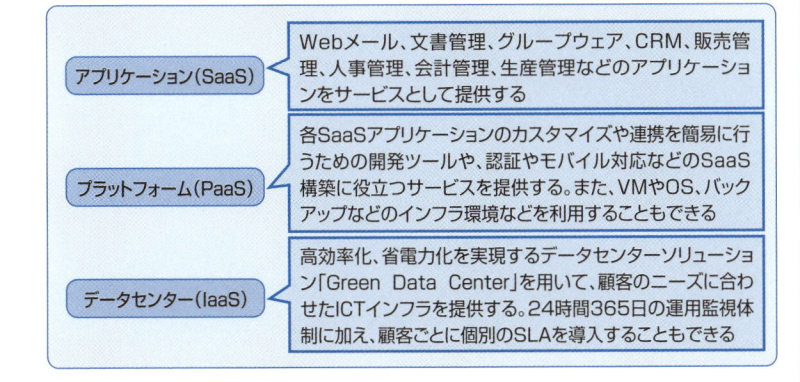

アプリケーション(SaaS)	Webメール、文書管理、グループウェア、CRM、販売管理、人事管理、会計管理、生産管理などのアプリケーションをサービスとして提供する
プラットフォーム(PaaS)	各SaaSアプリケーションのカスタマイズや連携を簡易に行うための開発ツールや、認証やモバイル対応などのSaaS構築に役立つサービスを提供する。また、VMやOS、バックアップなどのインフラ環境などを利用することもできる
データセンター(IaaS)	高効率化、省電力化を実現するデータセンターソリューション「Green Data Center」を用いて、顧客のニーズに合わせたICTインフラを提供する。24時間365日の運用監視体制に加え、顧客ごとに個別のSLAを導入することもできる

chapter 4 日立グループ全社の参加で提供されるクラウドサービス
16 日立のクラウドサービス

グループ一丸で顧客に最適なサービスを提供する「Harmonious Cloud」

　株式会社日立製作所（以下、日立）では、グループ企業が一丸となって顧客のニーズに応えるクラウドソリューション「**Harmonious Cloud**」を展開しています。関連企業が個別にクラウド事業を進めるのではなく、グループ全体で顧客に最適なソリューションを提供していくのが同社のクラウドに対する取り組みです。

　Harmonious Cloudのサービスは、「**ビジネスPaaS**」「**ビジネスSaaS**」「**プライベートクラウド**」、そして「**業種業務向けサービス**」の4種類に分かれています。「ビジネスPaaS」では、ビジネスの要求に耐えられる高い信頼性とセキュリティを備えたITプラットフォームリソースが提供されます。可用性の強化やリソース占有、遠隔バックアップなどにも対応する他、プラットフォーム上でサービスを提供するためのミドルウェアや各種ソフトウェアなどもラインナップされています。

　「ビジネスSaaS」は、従来日立グループが提供していた各種ソリューションがベースとなっており、ビジネス向けの各種アプリケーションを初期投資なしでサービスとして利用できるようになります。たとえば、社内での横断的な情報共有を可能にする「情報共有基盤サービス」といった汎用的なものから、より業務専門性の高いデジタルサイネージプラットフォームやクラウド帳票サービスといったものまで、多様な業種／業務に対応している点が特徴です。

　「プライベートクラウド」については、導入のためのコンサルティングから設計、構築、運用にいたるまで一貫したサポートを受けることができ、最適なアプリケーション連携、データ連携を実現することが可能です。より専門の業務／業種については、「業種業務向けサービス」でそれぞれに最適化されたソリューションを利用することが可能です。

> サービスのURL…http://www.hitachi.co.jp/products/it/harmonious/cloud/

chapter 4 さまざまなクラウドサービス

日立のクラウドソリューション「Harmonious Cloud」

ビジネスPaaSソリューションで提供されるおもなサービス

SaaS事業者向けサービス
SaaS事業を行ううえで必要となる機能などを提供

ソフトウェアスタック提供サービス
業務アプリケーションの実行に必要なミドルウェアを目的に応じた組み合わせで提供

可用性強化サービス	リソースキャパシティ保証サービス	クラウドバックアップサービス
プラットフォームリソースの可用性を強化	一定のリソースを占有して処理能力を確保	月額で利用可能な遠隔バックアップ

プラットフォームリソース提供サービス
仮想マシン、サーバ、OS、ストレージなどの仮想化されたプラットフォームリソースを提供

クラウド導入コンサルテーション / クラウド導入支援サービス

ビジネスSaaSソリューションで提供されるおもなサービス

情報共有基盤サービス	企業内のコミュニケーション活性化による業務効率化を支援するコラボレーションポータルをSaaSで提供
日立企業間ビジネスメディアサービス「TWX-21」	企業間活動に関わる業務別、役割別、利用者別のアプリケーションをSaaSで提供
コンタクトセンターサービス「CommuniMax/CC」	コンタクトセンター業務の開設に必要となる電話交換機やCTIサーバなどの設備をSaaSとして提供
ビジュアルコミュニケーションサービス「CommuniMax/CV」	会議室、自席PC、外出先のモバイルPCなどから参加可能なクラウド型ビデオ会議サービス
指静脈認証サービス	「日立指静脈認証」による堅牢かつ利便性の高い本人認証をアプリケーションサービスとして提供
SaaS型セキュリティサービス	Webセキュリティ、メールセキュリティ、不正アクセス対策など、様々なセキュリティソリューションをSaaSとして提供

プライベートクラウドソリューションで提供されるおもなサービス

コンサルティング	設計／構築
プライベートクラウド導入時のプラットフォームの要件定義や計画立案を支援	プライベートクラウドの基本設計、詳細設計、構築、テスト、移行を支援

運用／保守支援	Harmonious Cloud Packaged Platform
プラットフォームの稼働管理や問題解決の支援、および予防保守情報の提供	ハードウェア、ソフトウェア、導入サービスを組み合わせてパッケージ化して提供

137

chapter 4
17 IIJのクラウドサービス
1000種類を超えるクラウド構成をサポート

インターネットの黎明期から培ってきたノウハウで運営される「IIJ GIO」

　株式会社インターネットイニシアティブ（以下、IIJ）では、インフラリソースからソフトウェアサービスまでをカバーする包括的なクラウドサービス**「IIJ GIO」**（ジオ）を展開しています。IIJ GIOのサービスは**「IIJ GIOアプリケーションサービス」「IIJ GIOプラットフォームサービス」**、そして**「IIJ GIOコンポーネントサービス」**に分類されており、それぞれがビジネスでの使用を前提とした性能と信頼性を備えています。

　「IIJ GIOアプリケーションサービス」は、**ビジネスに必要なミドルウェアをパッケージとして提供するSaaS型のサービス**です。ラインナップとしてはCRMサービスである「**INVITO MOBILE**」と、サイボウズのSaaS型グループウェアである「**サイボウズガルーンSaaS**」が用意されています。

　「IIJ GIOプラットフォームサービス」はPaaS型のサービスであり、その中心となるのは「**IIJ GIOホスティングパッケージサービス**」です。これは、ビジネスに求められる機能をパッケージプラン化し、柔軟な構成によってシステムを構築できるというものです。ストレージに関しては、別途「**IIJ GIOストレージサービス**」が用意されています。ラインナップには「FS/S」と「FV/S」があって、前者は企業内で使用する大規模ファイルシステムとして、後者はREST API経由でWebサイトや外部アプリケーションからアクセス可能なオンラインストレージとして活用することができます。

　「IIJ GIOコンポーネントサービス」は、**ベースサーバと各種アドオンの組み合わせでハードウェアリソースを提供するIaaS型のサービス**です。多様なコンポーネントによって1000通り以上の組み合わせが可能であり、あらゆるシステムに柔軟に対応することができる点が大きな特徴となっています。

> サービスのURL…http://www.iij.ad.jp/GIO/

CHAPTER 4　さまざまなクラウドサービス

IIJ GIOの概要

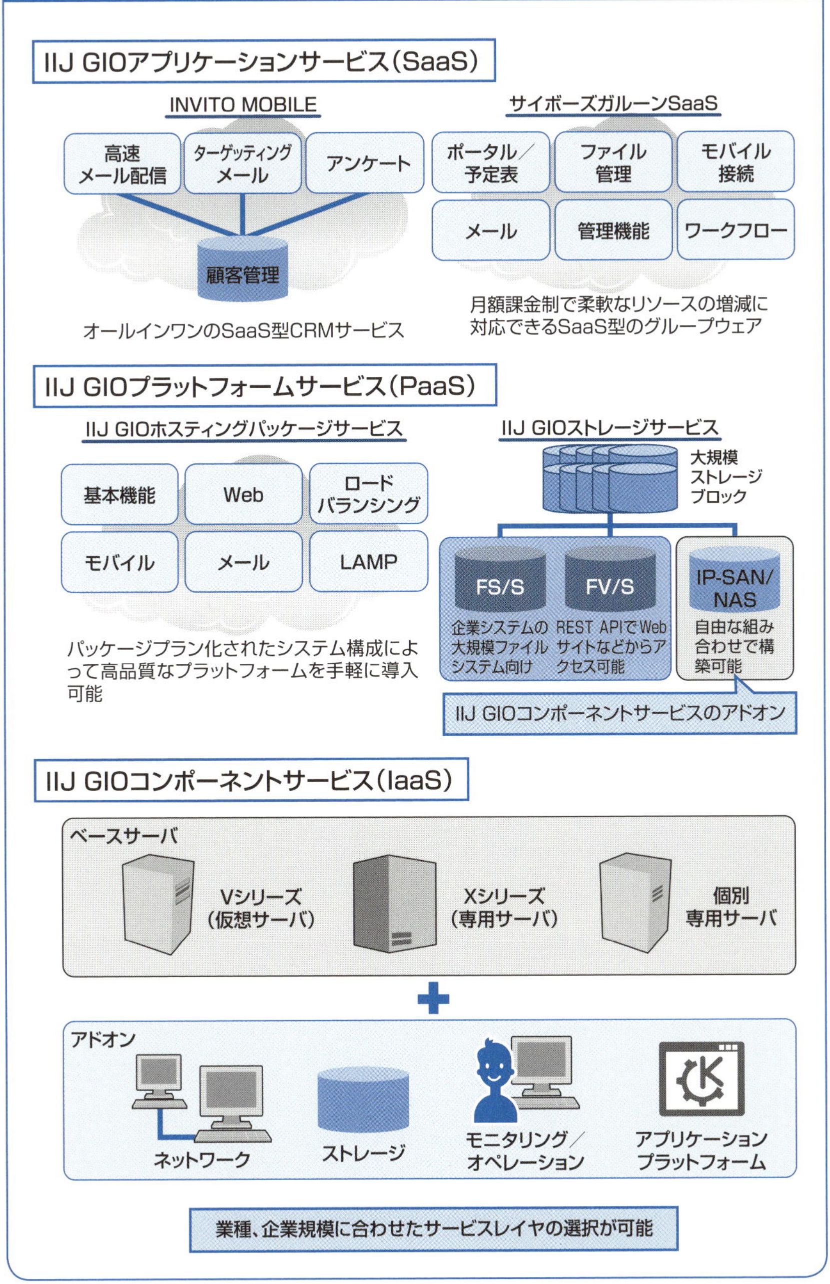

IIJ GIOアプリケーションサービス（SaaS）

INVITO MOBILE
- 高速メール配信
- ターゲッティングメール
- アンケート
- 顧客管理

オールインワンのSaaS型CRMサービス

サイボーズガルーンSaaS
- ポータル／予定表
- ファイル管理
- モバイル接続
- メール
- 管理機能
- ワークフロー

月額課金制で柔軟なリソースの増減に対応できるSaaS型のグループウェア

IIJ GIOプラットフォームサービス（PaaS）

IIJ GIOホスティングパッケージサービス
- 基本機能
- Web
- ロードバランシング
- モバイル
- メール
- LAMP

パッケージプラン化されたシステム構成によって高品質なプラットフォームを手軽に導入可能

IIJ GIOストレージサービス

大規模ストレージブロック

- FS/S：企業システムの大規模ファイルシステム向け
- FV/S：REST APIでWebサイトなどからアクセス可能
- IP-SAN/NAS：自由な組み合わせで構築可能

IIJ GIOコンポーネントサービスのアドオン

IIJ GIOコンポーネントサービス（IaaS）

ベースサーバ
- Vシリーズ（仮想サーバ）
- Xシリーズ（専用サーバ）
- 個別専用サーバ

＋

アドオン
- ネットワーク
- ストレージ
- モニタリング／オペレーション
- アプリケーションプラットフォーム

業種、企業規模に合わせたサービスレイヤの選択が可能

COLUMN

大規模クラウドサービスの障害による影響

2011年4月、Amazon EC2で大規模な障害が発生しました。障害は4月21日午前1時ごろ（太平洋夏時間）に発生し、完全な復旧が発表されたのは4月24日午後7時半ごろ、実に4日間に渡ってEC2が正常に動作しない状況が続きました。この障害は、直接EC2のサービスを利用しているユーザだけでなく、FoursquareやReddit、Quoraなどをはじめとする多数のサービスのユーザにまで及びました。これらのサイトはEC2を利用して稼働しているため、障害の影響でサービスを一時停止せざるを得なかったからです。Amazon.comによると、ネットワーク設置変更時の作業ミスがこの障害の発端だったとのことです。

Amazon EC2の障害は影響範囲がきわめて大きく、長時間に及んだことから、当時大々的に報道されました。そして業界全体に向けて、クラウドの安全性を過信してはいけないという警鐘を鳴らしました。Amazon.comだけでなく、GoogleやMicrosoft、Salesforce.comなどでも、規模は大小さまざまながら、過去に障害によるサービス停止に陥った経験を持っています。

大規模なクラウドサービスで障害が発生すると、その余波はさまざまな場所に現れます。IaaSやPaaSの場合、その上で展開されている多くのサービスが連鎖的に停止するという事態になりかねません。業務システムにSaaSを導入している事業所では、サービスの停止によって業務を継続できなくなる危険性が生じます。Amazon.comのような豊富な実績と高い技術力を持った企業のサービスでも、100％安全とは言い切れません。クラウドのメリットを安全に享受するためには、自社での戦略的な対策が必要不可欠なのです。

5
chapter

クラウドの課題と今後

本章では、クラウドのさらなる普及にあたって課題となる項目や、業界全体で考えていくべき問題点などについて取りあげます。それに加えて、クラウド活用の新しい形や試みなどについても紹介します。

chapter 5　クラウドシステムを守るには

1 クラウド環境におけるセキュリティの課題

統合されたセキュリティポリシーで複数の仮想サーバを保護しなければならない

　クラウドを導入するうえでもっとも大きな懸念となるのは**セキュリティ対策**です。社内サーバによる運用であれば、社内ネットワークとインターネットとの間にセキュリティ対策製品を設置することで、比較的シンプルにセキュリティの境界線を引くことができました。しかしクラウドの場合、守るべきデータやアプリケーションが社外のサーバ上に存在することになります。そのため、セキュリティの境界線の設定は従来よりも複雑になってきます。

　さらに、仮想環境での運用もセキュリティ上の大きな留意点になります。仮想環境では複数の仮想マシンが同じ仮想プラットフォーム上に存在します。これは、ある仮想マシンから他の仮想マシンに対して、外のネットワークを介することなく接続できることを意味します。そのため、1つの仮想マシンのネットワーク接続をセキュアに保っていても、同じ仮想プラットフォーム上にセキュリティレベルの低い仮想マシンがあれば、それがリスクになる可能性が出てきます。したがって、クラウド環境では**複数の仮想マシン**を統合的なセキュリティポリシーで保護する必要があります。

　また、この問題に対しては、IDS／IPS（不正侵入検知／防御システム）などネットワークを通過するパケットを監視するタイプのセキュリティ対策製品では効果がありません。仮想マシン同士の通信は外のネットワーク機器を経由しないので、監視対象にならないからです。そこで仮想サーバごとに個別にセキュリティ製品を適用したり、**ハイパーバイザレベル**（2-3参照）でトラフィックを監視するなどの対策が必要となります。

　クラウド環境はさまざまな面で自前の物理サーバによるシステム環境とは異なるため、その違いに注意し、クラウドに適したセキュリティ対策を講じることが重要です。

クラウドにおけるセキュリティ課題

セキュリティ対策の考え方

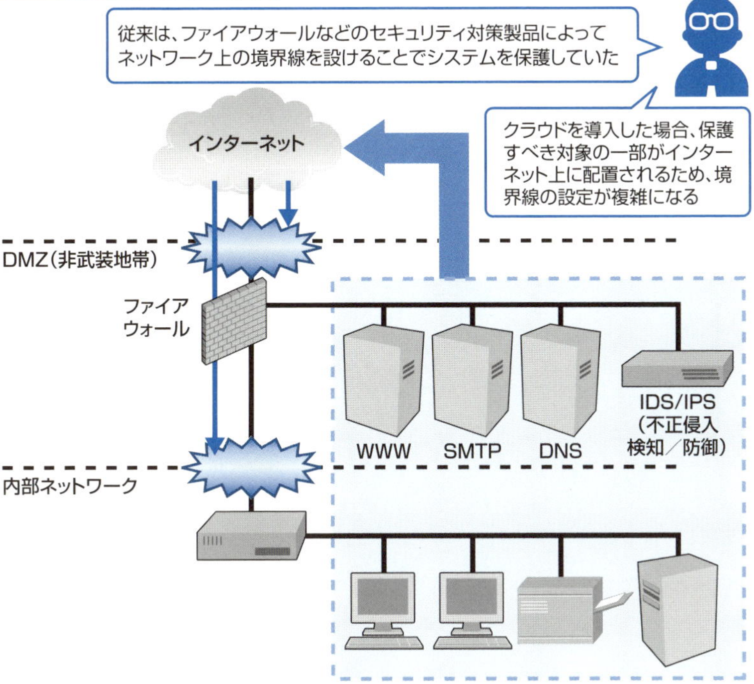

従来は、ファイアウォールなどのセキュリティ対策製品によってネットワーク上の境界線を設けることでシステムを保護していた

クラウドを導入した場合、保護すべき対象の一部がインターネット上に配置されるため、境界線の設定が複雑になる

インターネット

DMZ（非武装地帯）

ファイアウォール

WWW　SMTP　DNS

IDS/IPS（不正侵入検知／防御）

内部ネットワーク

仮想環境であることに留意したセキュリティ対策が必要

例）ネットワーク型のセキュリティ対策製品は相性が悪い

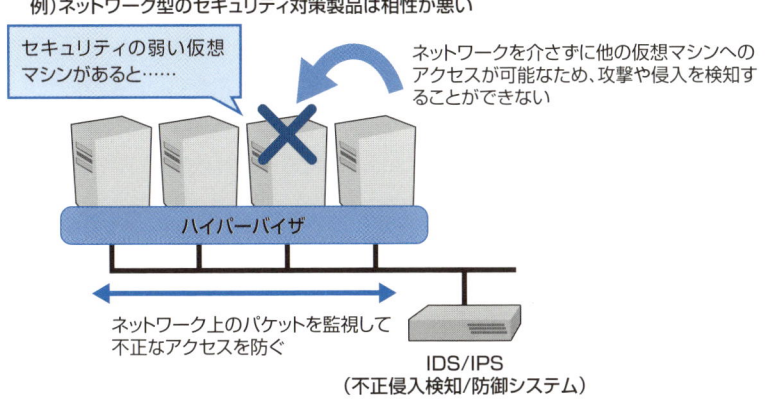

セキュリティの弱い仮想マシンがあると……

ネットワークを介さずに他の仮想マシンへのアクセスが可能なため、攻撃や侵入を検知することができない

ハイパーバイザ

ネットワーク上のパケットを監視して不正なアクセスを防ぐ

IDS/IPS（不正侵入検知/防御システム）

chapter 5 クラウドシステムのセキュリティ対策

2 クラウド上のシステムを保護するセキュリティ対策製品

複数のセキュリティ保護機能を補完的に利用して対策を行う

　クラウド上に構築した情報システムには、どのようなセキュリティ対策製品を採用するのが適していると言えるでしょうか。クラウドは仮想化技術を利用して構築されるため、仮想環境に対応したセキュリティ対策が必要になります。たとえばハイパーバイザ上に配置された仮想サーバ同士の通信は、従来のネットワーク型の**IDS**（不正侵入検知システム）や**IPS**（不正侵入防御システム）では監視することができません。そこで、サーバごとに保護機能を持たせるホスト型の製品による対策が有効となります。

　また一言でセキュリティ対策製品といっても、IDS／IPSだけでなく、ファイアウォールやウィルス対策、ファイルの不正な改竄の防止など、さまざまな機能があります。これらの複数の機能を補完的に組み合わせることで、より堅固なシステムを構築することが重要です。とはいえ、これらの製品を複数のサーバに個別に導入するとなると、管理に大きな手間が必要となります。そこで、**複数サーバ**の管理に対応し、必要な機能を統合的に提供する**ソリューションを利用することによって、統一されたセキュリティポリシーによる一元的な対策が可能となります**。

　そのほか、ハイパーバイザと仮想サーバとの間でセキュリティ対策を行うような**仮想アプライアンス**型の製品もあります。このタイプの製品は、ハイパーバイザのAPIと連携することで、セキュリティ対策のためのエージェントがインストールされていないサーバでも保護できる点が特徴です。

　このように、クラウド環境で利用するセキュリティ対策製品としては、さまざまなセキュリティレベルの仮想サーバが混在する環境を想定し、**複数のセキュリティ保護機能を補完的に利用できるようなものを選ぶ**ことが推奨されます。クラウドの利便性を損なうことなく安全性を確保することができるからです。

chapter 5　クラウドの課題と今後

クラウドに対応したセキュリティ対策製品

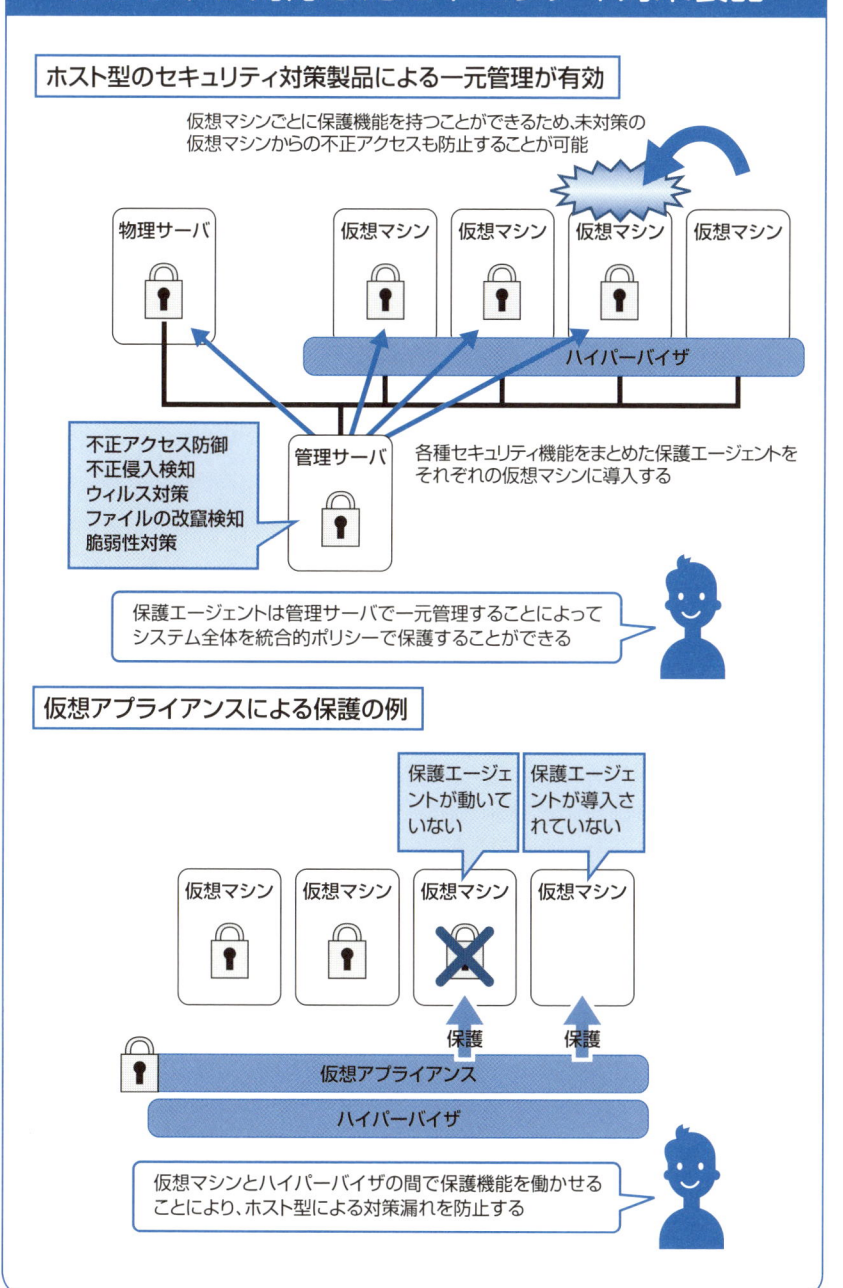

ホスト型のセキュリティ対策製品による一元管理が有効

仮想マシンごとに保護機能を持つことができるため、未対策の
仮想マシンからの不正アクセスも防止することが可能

物理サーバ　仮想マシン　仮想マシン　仮想マシン　仮想マシン

ハイパーバイザ

不正アクセス防御
不正侵入検知
ウィルス対策
ファイルの改竄検知
脆弱性対策

管理サーバ

各種セキュリティ機能をまとめた保護エージェントを
それぞれの仮想マシンに導入する

保護エージェントは管理サーバで一元管理することによって
システム全体を統合的ポリシーで保護することができる

仮想アプライアンスによる保護の例

保護エージェントが動いていない

保護エージェントが導入されていない

仮想マシン　仮想マシン　仮想マシン　仮想マシン

保護　保護

仮想アプライアンス

ハイパーバイザ

仮想マシンとハイパーバイザの間で保護機能を働かせる
ことにより、ホスト型による対策漏れを防止する

145

chapter 5　適切な情報セキュリティ管理のために

3　クラウド利用時の情報セキュリティ管理ガイドライン

適切な情報セキュリティ管理を実現するための経済産業省によるガイドライン

　クラウドサービスを利用する際に指針となる管理策の手引きがあれば、クラウドのメリットを維持しながら、適切な情報セキュリティ管理を実施することができます。経済産業省では、その目的のために「**クラウドサービス利用のための情報セキュリティマネジメントガイドライン**」を公開しています（http://www.meti.go.jp/press/2011/04/20110401001/20110401001.html）。これは情報システムを管理するうえで実施すべきさまざまな項目に対して、具体的な管理策やクラウド利用者のための実施の手引き、クラウド事業者による実施が望まれる項目などをまとめた手引書です。

　クラウドサービスの利用者にとっては、この**ガイドライン**に従うことで適切な情報セキュリティの確保や、内部監査の実施が容易になるというメリットがあります。また、利用するクラウドサービスを選択する際の指針としても使うことができます。一方、クラウド事業者にとっても、情報セキュリティ監査のための基準としてこのガイドラインを利用することにより、利用者との信頼関係の強化が図れるというメリットがあります。

　クラウドサービス利用時の情報セキュリティ確保のための指針としては、この他にCloud Security Alliance（CSA）による「**Cloud Controls Matrix**」**(CCM)**（https://cloudsecurityalliance.org/cm.html）や、欧州ネットワーク情報セキュリティ庁（ENISA：European Network and Information Security Agency）による「**クラウドコンピューティング：情報セキュリティ確保のためのフレームワーク**」および「**クラウドコンピューティング：情報セキュリティにかかわる利点、リスクおよび推奨事項**」などがあります（http://www.ipa.go.jp/security/publications/enisa/）。いずれもクラウドを利用する際のセキュリティ上のリスクを明らかにしたうえで、利便性を損なわずにセキュリティを確保するため具体的な方策がまとめられています。

Chapter 5 クラウドの課題と今後

クラウドサービス利用のための情報セキュリティマネジメントガイドライン

ガイドラインの概要

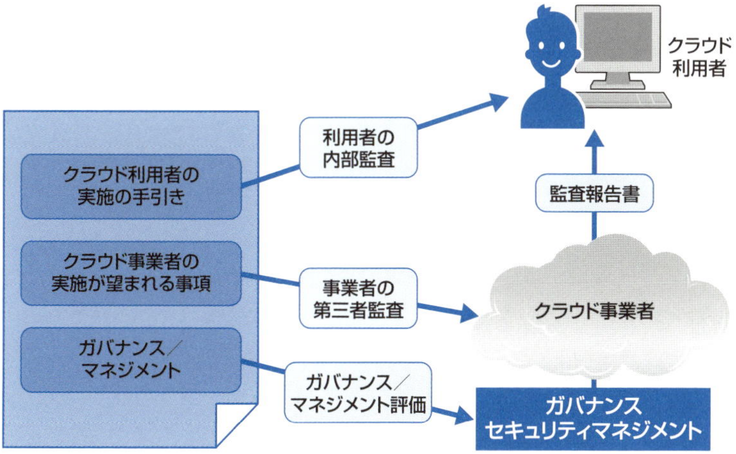

- クラウド利用者の実施の手引き → 利用者の内部監査 → クラウド利用者
- クラウド事業者の実施が望まれる事項 → 事業者の第三者監査 → クラウド事業者
- ガバナンス／マネジメント → ガバナンス／マネジメント評価 → ガバナンスセキュリティマネジメント

監査報告書

ガイドラインの情報セキュリティ監査への活用例

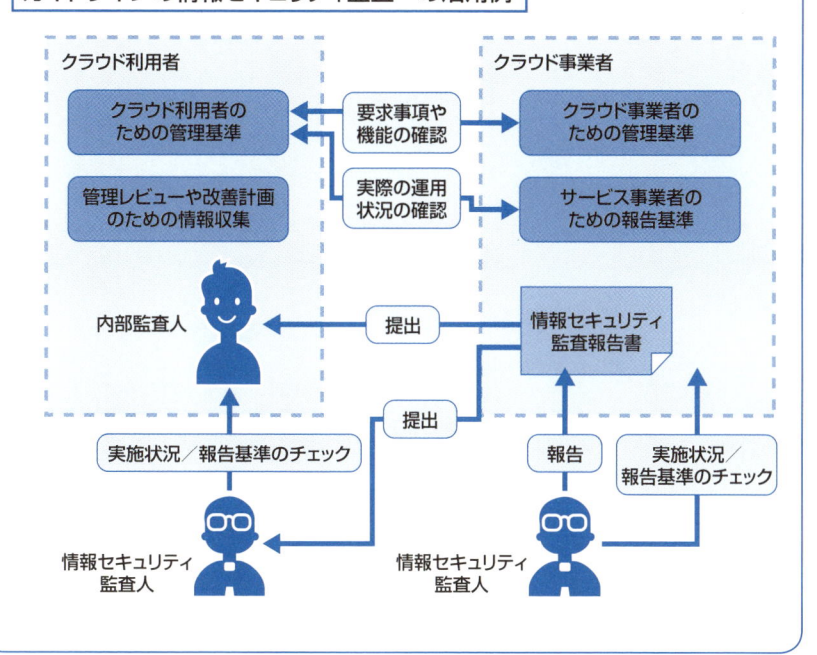

クラウド利用者
- クラウド利用者のための管理基準
- 管理レビューや改善計画のための情報収集
- 内部監査人

クラウド事業者
- クラウド事業者のための管理基準
- サービス事業者のための報告基準
- 情報セキュリティ監査報告書

要求事項や機能の確認／実際の運用状況の確認／提出／提出／実施状況・報告基準のチェック／報告／実施状況・報告基準のチェック

情報セキュリティ監査人 ／ 情報セキュリティ監査人

147

chapter 5　クラウドサービスの品質を見極める

4 SLA（サービス品質保証契約）について考える

ビジネスの要件に適しているかどうかを十分に検討することが大事

　企業がクラウドサービスを利用するにあたっては、そのサービスが十分な品質要件を満たしていることを見極める必要があります。このサービス品質の基準を決めるのが**SLA（Service Level Agreement：サービス品質保証契約）**です。たとえば、サービス品質を表す指標の1つとして、多くのパブリッククラウドサービスが「サービス稼働率」を公表しています。これはサービスが停止しないで稼働している時間の割合で、たとえばサービス稼働率が99.95%/年ならば、トラブルなどでサービスが停止している時間が1年間で4.38時間以内に留まることを意味します。

　ビジネス用途でクラウドサービスの利用を開始する際には、提供事業者とSLAに関する合意を取り交わすことが常識とされていますが、その内容についてはビジネスの要件に適しているかどうかを十分に吟味しなければなりません。SLAとして検討すべき代表的な項目としては次のようなものが挙げられます。

SLAとして検討すべきおもな項目

サービス提供時間	バックアップ基準
サービス稼働率	データ消去の要件
障害通知時間／障害回復時間	セキュリティ要件
システム監視基準	サポート内容
ネットワーク帯域	保証する品質を下回った場合の対応
パフォーマンス要件	

　SLAを決定する際には、ビジネス面の要件だけでなく、技術的な要件や実現性、コスト対効果なども考慮する必要があります。また、達成評価や目標値の妥当性の評価を定期的に実施し、ビジネス要件の変化に合わせて見直すことで、**常に現実に合ったSLAを維持するよう心掛けることが重要**です。

SLAの作成と管理

SLAとして検討すべきおもな項目

SLA項目	内容
サービス提供時間	サービスを提供する時間
サービス稼働率	サービスの稼働率
障害通知時間	障害が発生してからユーザにそれを通知するまでの時間
障害回復時間	障害を検知してから、復旧してサービスが利用できるようになるまでの時間
ネットワーク帯域	確保されるネットワーク帯域
パフォーマンス要件	エンドツーエンドの応答時間や、一定の処理が終了するまでの時間（ターンアラウンドタイム）、単位時間あたりの処理数（スループット）など
バックアップ基準	バックアップの頻度や方法、バックアップデータの保管期間など
データ消去の要件	サービス解約時などのデータ破棄に関する取り決め
セキュリティ要件	確保されるセキュリティレベルや、セキュリティ監査の基準、公的認証の取得状況など
サポート内容	サポートの方法（電話／メール／技術者派遣）や、受付時間、有償／無償の区分など
保証する品質を下回った場合の対応	SLAで取り決めた品質が達成できなかった場合の補償内容

SLAの作成と管理のプロセス

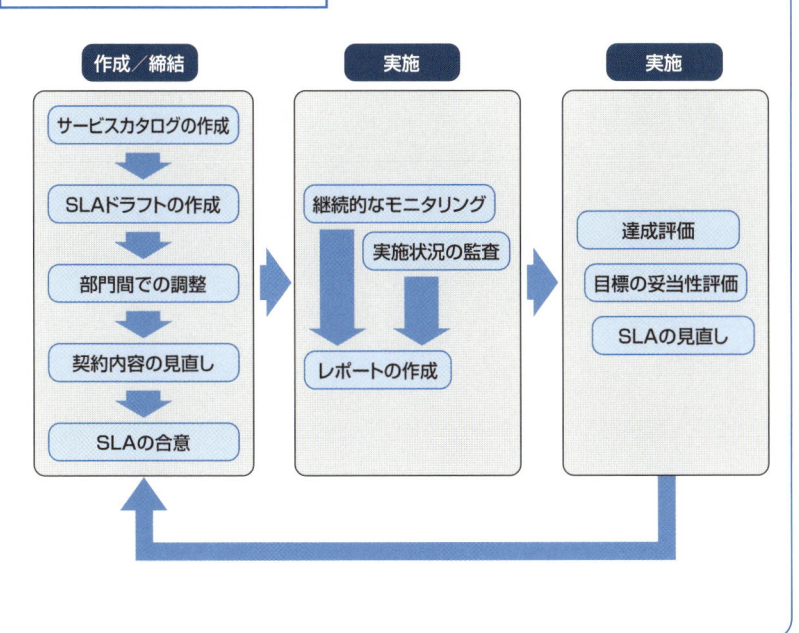

作成／締結
- サービスカタログの作成
- SLAドラフトの作成
- 部門間での調整
- 契約内容の見直し
- SLAの合意

実施
- 継続的なモニタリング
- 実施状況の監査
- レポートの作成

実施
- 達成評価
- 目標の妥当性評価
- SLAの見直し

chapter 5 コンプライアンスの徹底を目指す

5 クラウドと企業コンプライアンス

クラウド上のシステムにもコンプライアンスを徹底できる体制を構築する

　クラウドを採用するうえでセキュリティと並んで大きな懸念となっているのが**コンプライアンス**です。コンプライアンスとは、日本語にすると「**法令尊守**」であり、企業が法律や社内規則などの基本的なルールに従って活動することを指すビジネス用語です。企業活動を続けるうえでは、法令違反による信用の失墜を避けるために、組織内でのコンプライアンスを徹底することが求められます。

　アプリケーションやデータの運用にクラウドを利用するということは、その責任の一端を外部の企業に委託するということになります。これは、コンプライアンス管理の範囲が自社に留まらず、自社でコントロールできないシステム上にも及ぶことを意味しています。**自社のコンプライアンスをクラウド提供事業者に確実に尊守させることができるよう、確実な体制を構築していく必要があります。**

　また、クラウドを利用することでコンプライアンスの設定そのものが複雑になるという問題もあります。企業がコンプライアンスを保つことができるかどうかを判断するには、具体的にどの法令を順守しなければならないのかを明確にしておかなければなりません。クラウド環境を提供するデータセンターは日本にあるものだけとは限りません。海外のデータセンターを利用する場合、**日本とは異なる法令が適用される**ことを念頭に置く必要があるということです。

　業界特有の法規制も重要な考慮点となります。たとえば医療関係や金融関係の業界には、個人情報保護の観点から各国で厳しい法律が制定されている傾向があります。そのような特有の法律の対象となる企業では、法律の要件を入念に分析し、確実なセキュリティコントロールが行えるクラウド事業者を選択しなければなりません。

chapter 5 クラウドの課題と今後

クラウドの利用とコンプライアンス管理

社内サーバ
- アプリケーション
- プラットフォーム
- インフラ

監査／検証

パブリッククラウド

PaaS
- アプリケーション
- プラットフォーム
- インフラ

SaaS
- アプリケーション
- プラットフォーム
- インフラ

IaaS
- アプリケーション
- プラットフォーム
- インフラ

プライベートクラウド
- アプリケーション
- プラットフォーム
- インフラ

□ ＝自社のコントロール範囲内
■ ＝自社のコントロール範囲外

クラウド上に展開したデータやシステムに対しても適切なコンプライアンスの尊守を徹底できるよう、SLAの締結や監査による管理体制を構築することが大切

海外の事業者やデータセンターでは、日本とは異なる法律が適用される点にも注意する

151

chapter 5　国ごとの法律の違いに注意する

6 データの所在にかかわる法的リスク

クラウド上のデータに対して適用される法律を把握しておく必要がある

　クラウドを利用するメリットの1つは、データの所在を意識せず、必要なときに自由にアクセスできることです。しかし、企業で利用する場合には、これは同時に大きなリスクにもなります。セキュリティ面はもちろんのことですが、それとは別に**法律的な問題を引き起こす危険性も生じる**からです。

　クラウドとはいっても、実際にはどこかのデータセンター（以下、DC）にデータやアプリケーションを預けることになります。問題となるのは、そのDCがどの国に設置され、どの国の企業によって運営されているかで、適用される法律が変わってくるという点です。たとえば、アメリカには通称**パトリオット法**と呼ばれる法律が存在します。この法律では、司法当局や捜査当局に対してDC内のサーバに記録されたデータを調査できる権限が与えられています。つまり、アメリカにDCがあるクラウドサービスを利用している場合には、自社の機密情報を調査対象にされるリスクが生じるということです。

　逆に、データの持ち出し先に制限を設けている国もあります。国外に個人情報を持ち出す場合には、一定レベルのデータ保護処置を講じている国に限るというものです。日本には現時点ではこのような法律上の制限はありませんが、他国の個人情報を扱っている場合などには注意が必要です。

　DCの場所だけでなく、運営企業にも注意を払う必要があります。たとえばアメリカ企業であるAmazon.comは、同社の東京DCのサーバに対しても前述のパトリオット法が適用されると説明しています。そのほか、クラウド事業者と利用者との契約にかかわる法律も、国ごとに細かな違いがあります。

　このように、国ごとの法律の違いが、データ保護に関する問題を生じさせる可能性があります。クラウドを利用する場合には、**データがどのDCに保管されるのかを把握し、法律上の扱いなどを調査しておくことが重要です**。

chapter 5　クラウドの課題と今後

データセンターの所在によって法律が異なる

データの預け先による法的リスク

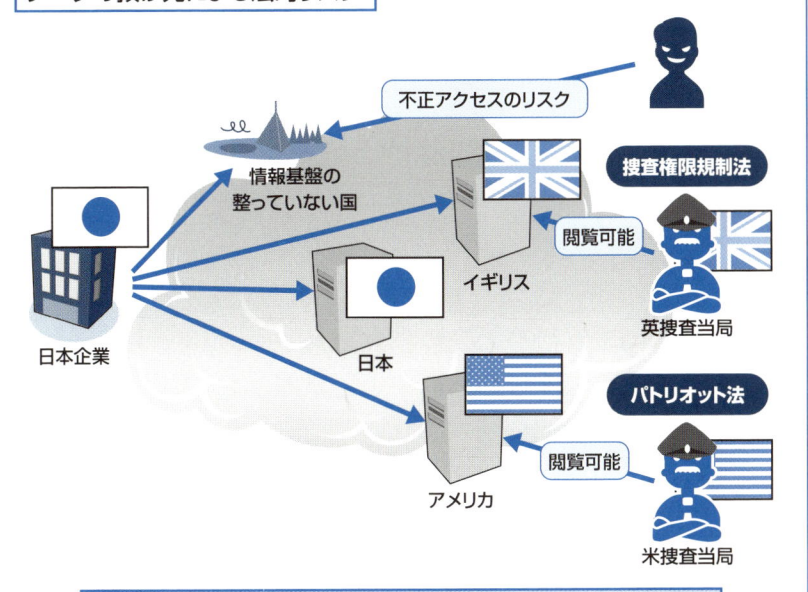

- 不正アクセスのリスク
- 情報基盤の整っていない国
- イギリス → **捜査権限規制法** 閲覧可能／英捜査当局
- 日本
- アメリカ → **パトリオット法** 閲覧可能／米捜査当局
- 日本企業

データがどの国のデータセンターに預けられるのかを把握しておく必要がある

情報の移動に制限を実施している国もある

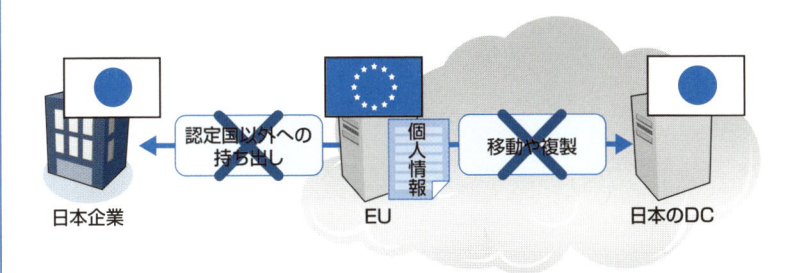

- 日本企業 ← 認定国以外への持ち出し ← EU（個人情報） → 移動や複製 → 日本のDC

EUの個人データ保護指令では、データ保護体制が十分であると認定された国以外への個人情報の持ち出しを禁止している

153

chapter 5 クラウドを考慮した内部統制の構築

7 クラウドの利用と内部統制

内部統制の構築にクラウドがどのように関連してくるのかを明確にする

　セキュリティやコンプライアンス上のリスクを回避するための内部統制という観点では、「**クラウドを導入することによって、管理できる範囲や内容がどのように変わってくるかを十分に検討する**」ことが重要になります。クラウドの利用はデータやアプリケーションの管理を外部の事業者に委託するということであり、これは一種のアウトソーシングと考えることができます。外部委託に対する内部統制上のリスクとしては、従来より料金体系や契約の柔軟性、サービスの可用性やスケーラビリティ、継続可能性、セキュリティなどが挙げられてきました。これらはクラウドの場合でも同様に適用できるものと考えられます。

　一方でクラウドの場合には、従来の業務委託サービスに比べ、関係者同士の責任分担の区分が明確でないケースが多いという問題があります。これがあいまいなままであれば、万が一損害が発生した場合にも、その解決に時間がかかる可能性があります。また、利用企業のクラウド事業者に対する監督権限は制限されているケースが多く、自社の統制に適合するかどうかを把握しづらいという問題もあります。そのため、クラウドサービスの利用企業には、**事業者に対して定期的な内部監査を実施し、適切な範囲での内部統制を徹底させる**ことが求められます。

　クラウド事業者を選択する際には、上記の観点に加えて、**内部統制報告制度**への対応にも着目する必要があります。日本の上場企業の場合、金融商品取引法によって内部統制報告書の提出が義務付けられています（いわゆる日本版SOX法）。もしクラウド事業者が**監査基準委員会報告書第18号**（いわゆる日本版SAS 70）を取得していれば、この報告書の作成に必要となるクラウド事業者への監査の手間を軽減することができます。これは内部統制を確立するうえでの大きなポイントにもなるでしょう。

chapter 5 クラウドの課題と今後

クラウドと内部統制

クラウドの利用と内部統制の関係を考える

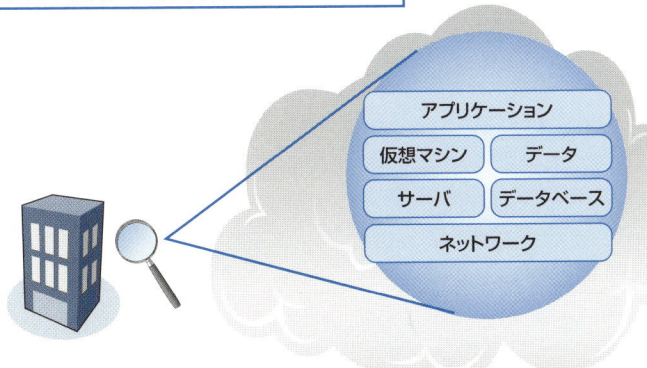

- アプリケーション
- 仮想マシン
- データ
- サーバ
- データベース
- ネットワーク

どこまでが自社の内部統制による管理対象になるのか？

クラウドサービスの内部監査の留意点

サービスの利用にかかる主な留意点

- SLAに沿ったサービスを安定して提供できているか
- 運用コストは適切か
- 他のシステムやサービスとの互換性は確保されているか
- セキュリティ上のトラブルは発生していないか
- 障害発生時の対応は適切か

委託管理にかかる主な留意点

- クラウド事業者における管理状況が十分に把握できるしくみになっているか
- クラウド事業者に対する必要な監督権限は確保されているか
- クラウド事業者内の内部統制の有効性が検証可能か
- 自社とクラウド事業者内の内部統制の関連は明確か

chapter 5 　内部統制評価の指針

8 クラウド事業者の内部統制評価

SAS 70や監査基準18号は内部統制評価を行ううえでの優れた指針になる

　クラウドサービスが適切に運営されているかどうかを監査することは、利用者にとっては内部統制やコンプライアンスの観点からきわめて重要です。監査の基準となるフレームワークや、認定／認証制度にはさまざまなものがありますが、近年特にクラウド事業者にとって必須と言われているのが、アメリカ公認会計士協会による「**米国監査基準書70号 Type II**」（以下、SAS 70）や、日本公認会計士協会による「**監査基準委員会報告書第18号**」（以下、監査基準18号）です。

　これらは外部より委託された業務に関する内部統制の整備／運用状況の有効性を監査するための基準であり、実用的な段階まで踏み込んだ内容で厳密な評価が行われるため、サービスの利用者にとってはクラウド事業者を評価する優れた指標になります。ただし、あくまでも財務報告に関する内部統制評価を行うことを目的としたものであるため、セキュリティ監査などに代えて利用したい場合には十分に内容を検討する必要があります。

　SAS 70や監査基準18号の大きなメリットとしては、これらの基準を満たす監査報告書が、アメリカのSOX法や日本の金融商品取引法（日本版SOX法）で義務付けられた内部統制報告書に適用できることが挙げられます。クラウドサービスの提供事業者がSAS 70報告書や監査基準18号報告書を取得していれば、利用者は委託した業務に関する監査報告書の代わりにそれを使用できるというわけです。これによって、委託業務に関する監査プロセスを簡略化し、人的なコストの削減を実現できます。

　現在、日本国内でもSAS 70報告書や監査基準18号報告書を取得する事業者が増えてきており、クラウドサービスを選ぶ基準としても使われるようになってきています。

chapter 5　クラウドの課題と今後

SAS 70／監査基準18号のメリット

SAS 70／監査基準18号報告書を用いない内部統制報告

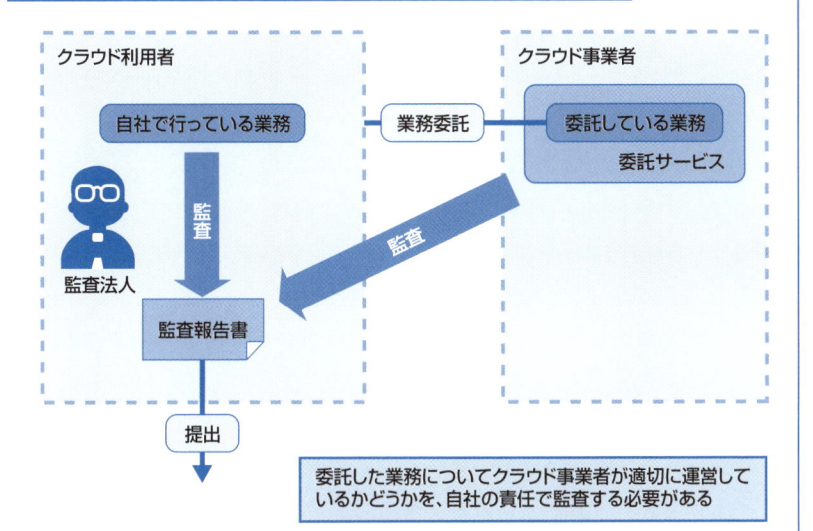

クラウド利用者 / クラウド事業者

自社で行っている業務 ──業務委託──→ 委託している業務／委託サービス

監査法人　監査　監査報告書

監査

提出

委託した業務についてクラウド事業者が適切に運営しているかどうかを、自社の責任で監査する必要がある

SAS 70／監査基準18号報告書を用いた内部統制報告

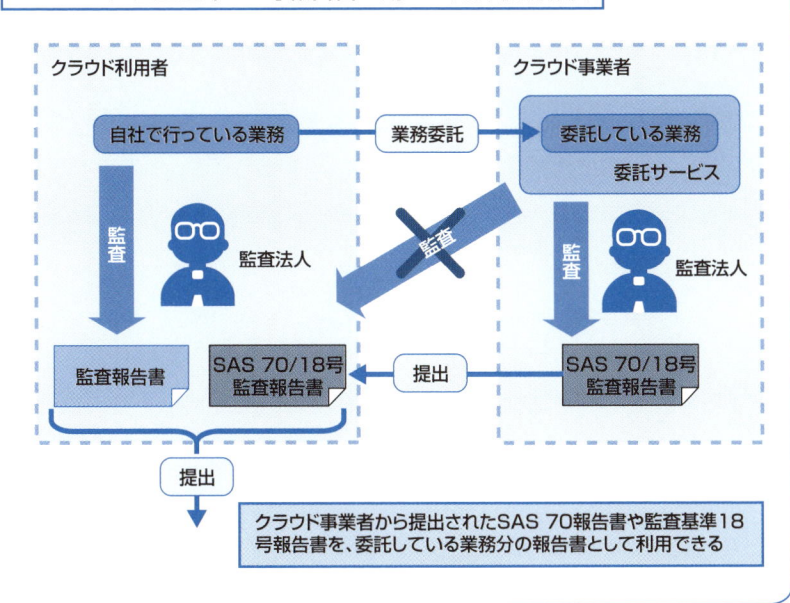

クラウド利用者 / クラウド事業者

自社で行っている業務 ──業務委託──→ 委託している業務／委託サービス

監査法人　監査　監査法人　監査

監査報告書　SAS 70/18号監査報告書 ←提出― SAS 70/18号監査報告書

提出

クラウド事業者から提出されたSAS 70報告書や監査基準18号報告書を、委託している業務分の報告書として利用できる

157

chapter 5　クラウドで発生するトラブルを知る

9 クラウド利用時に発生するトラブル

発生し得るトラブルの種類や必要となる対策を把握しておくことが重要

　SaaS型のアプリケーションや、クラウド上のデータおよびAPIを利用するアプリケーションの場合、サーバやネットワーク回線、データセンターなどにトラブルが発生すると、業務そのものが継続できなくなるという懸念があります。クラウドシステムで発生する可能性のある主要なトラブルとしては、次のようなものを挙げることができます。

- ネットワーク回線の障害によってシステムにアクセスできなくなる
- ハードウェア／ソフトウェアの障害によってサーバが停止する
- 停電や自然災害などでデータセンターが利用できなくなる
- エンジニアのオペレーションミスによって問題が発生する
- 悪意のある攻撃によりサーバやネットワークなどが利用できなくなる

　パブリッククラウドの場合、自社サーバでの運用と異なり、トラブルへの対応はクラウド事業者が行うことになります。そのため、事業者の技術レベルによっては問題への対処が適切に行えないという事態も想定されます。また、1つのシステムに複数の事業者がかかわるようなケースもあります。この場合、トラブルの原因の特定はより複雑になり、問題の解決に時間がかかる可能性があります。

　ローカルのPCにインストールされたアプリケーションと違い、クラウドサービスを利用したアプリケーションの場合には社内の全ユーザが同時に影響を受けるため、被害の深刻さはきわめて大きなものとなります。したがって、採用の際には、そこにどのようなトラブルが発生する可能性があり、事業者側でどのような対策をとっているのか、また利用者側ではどのような対策をとっておくべきなのかを十分に把握しておくことが重要です。

chapter 5 クラウドの課題と今後

クラウド利用時に発生しうるトラブル

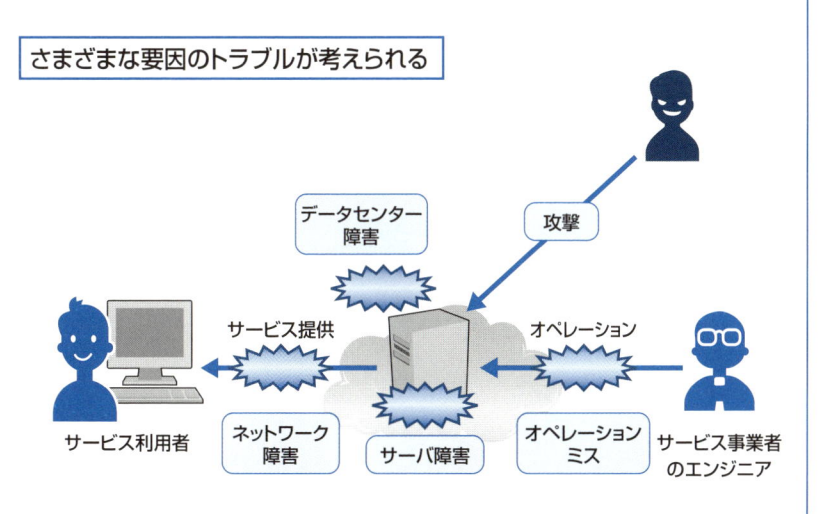

さまざまな要因のトラブルが考えられる

- データセンター障害
- 攻撃
- サービス提供
- オペレーション
- ネットワーク障害
- サーバ障害
- オペレーションミス
- サービス利用者
- サービス事業者のエンジニア

複数の事業者がかかわるサービスでは原因の特定が複雑になる

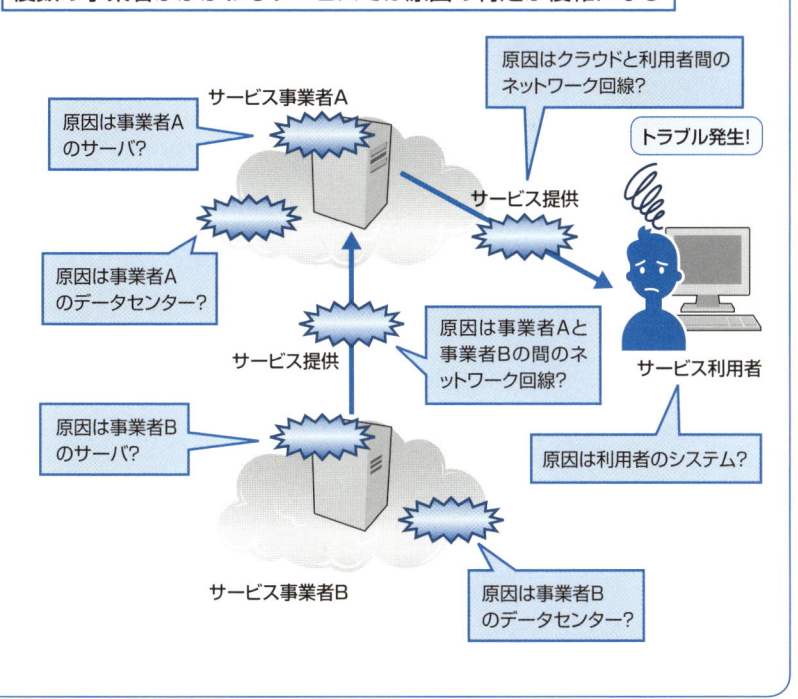

- サービス事業者A
- 原因は事業者Aのサーバ?
- 原因はクラウドと利用者間のネットワーク回線?
- トラブル発生!
- サービス提供
- 原因は事業者Aのデータセンター?
- サービス提供
- 原因は事業者Aと事業者Bの間のネットワーク回線?
- サービス利用者
- 原因は事業者Bのサーバ?
- 原因は利用者のシステム?
- サービス事業者B
- 原因は事業者Bのデータセンター?

chapter 5　障害に強いしくみを構築する

10 サーバやネットワーク障害への対策

高可用化によって万が一の障害に備える

　業務システムにクラウドを導入した場合、考えなければならないのがサーバやネットワーク障害への対策です。個人のPCで完結しているスタンドアロンのアプリケーションと違い、クラウド型のアプリケーションはネットワークに接続されていなければ一切利用することができません。しかも、社内のシステムすべてが影響を受けるため、業務を継続することができず、損害はきわめて大きなものになります。そこで万が一障害が発生した場合のための対策を講じておくことが必要になります。

　まずもっとも一般的な対策としては、クラウド事業者が提供する**高可用性（HA：High Availability）**オプションを利用するということが考えられます。たとえばクラスタリングを利用した高可用化では、運用しているシステムと同じ構成の非常用システムを待機させておくことで、サーバの物理的な障害に対処することができます。

　高可用化は複数のDCやクラウドサービスを利用することでより確実なものになります。仮想化システムの**レプリケーション機能**を利用すれば、**物理的に離れた場所にも比較的容易に非常用のシステムを待機させておくことが可能**です。これをオプションとして提供している事業者もあります。複数のDCを利用することで、DCの設備そのものや、自社とDC間のネットワーク障害にも対応することができます。火災や自然災害への対策としてはきわめて有効ですが、コストが高くなるという問題もあります。

　外部とのネットワーク接続が遮断された場合にも業務を続けるためには、非常用システムは自社内に設置しておく必要があります。データの同期などが必要ですが、仮想化環境を活用すれば実質的にレプリケーションによる高可用化と同じことになります。ただし、結局は社内システムを持つことになるので、クラウドのメリットは一部損なわれてしまいます。

chapter 5 クラウドの課題と今後

サーバ障害/ネットワーク障害への対策

高可用性オプションを利用する

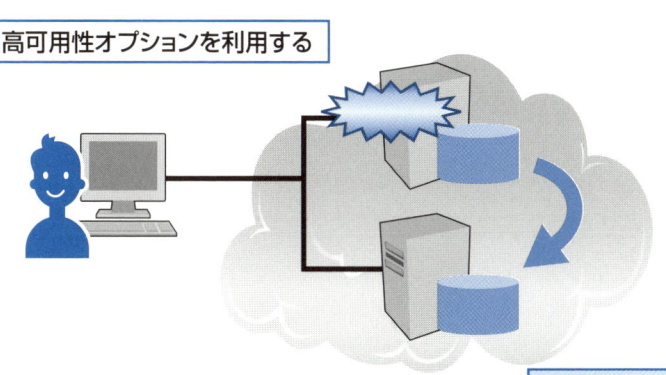

障害発生時は、非常用に待機させていたシステムに切り替えて運用する

複数のデータセンターを利用して高可用性を実現する

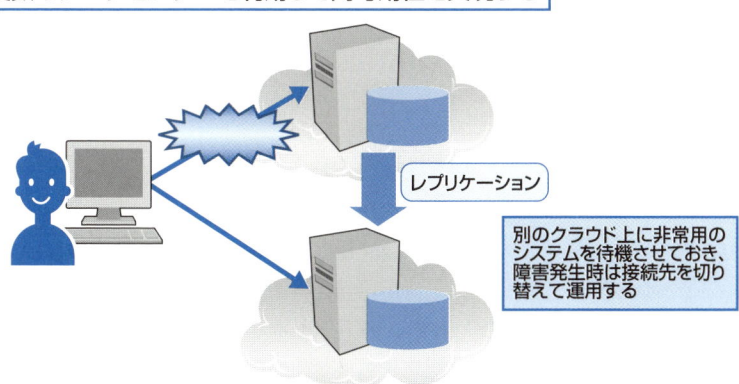

レプリケーション

別のクラウド上に非常用のシステムを待機させておき、障害発生時は接続先を切り替えて運用する

自社内にバックアップシステムを持つ

社内に非常用のシステムを保持しておき、障害発生時はそれを利用する

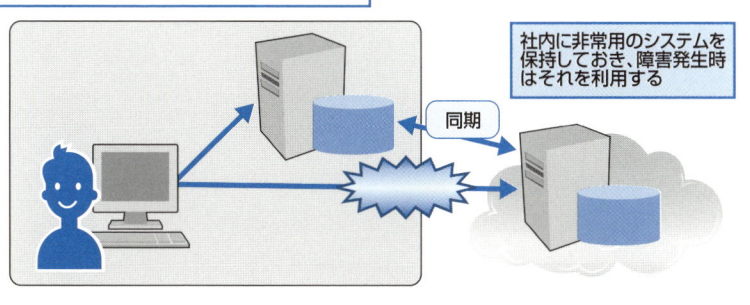

同期

chapter 5　隠れたコストにも注意する

11　コスト見積りの難しさ

サービスの利用料金だけでなく、さまざまな角度から総合的に考えることが大切

　クラウドを利用するメリットの1つとして、従量課金制であるため、使ったリソース以上の投資が必要ないということが挙げられます。しかし、これは裏を返せば「**最終的な利用料金の予測が難しい**」ということでもあります。場合によっては、自社でインフラを構築／維持する場合よりもかえってコストが高くなってしまう可能性もあります。これを回避するためには、自社のビジネスのどの部分にコストがかかっており、そのうちのどの部分がクラウドの特徴に合致しているのかをよく検討しなければなりません。

　それに加えて、サービスの利用料金以外の「**隠れたコスト**」が存在することにも注意しなければなりません。たとえば、非クラウド環境で運用されているシステムをクラウドに移行する場合、既存のデータやアーキテクチャがそのまま利用できるとは限りません。運用プロセスもクラウド環境に合わせて変更する必要が出てくるでしょう。技術者やオペレータを新しいシステムに対応させるためのトレーニングも必要です。従来の運用で培ってきたノウハウは、金額には換算できない価値を持っているかもしれません。このような隠れたコストは、サービスの料金表だけでは決して知ることができないものです。

　したがって、クラウド利用のコスト／メリットを考えるときには、サービスの利用料金だけでなく、アーキテクチャやプロセスの移行や実装、ビジネスのサイクルの変更、人材のトレーニングなどにまつわるコストを、十分な時間をかけて把握する必要があります。そのうえで、コストダウンの実現可能性や、コスト面以外のリスクとの折り合いなどを考慮し、クラウド以外の選択肢も含めながらさまざまな角度から総合的に判断することが大切です。

chapter 5 クラウドの課題と今後

クラウド採用時のコスト面でのチェックポイント

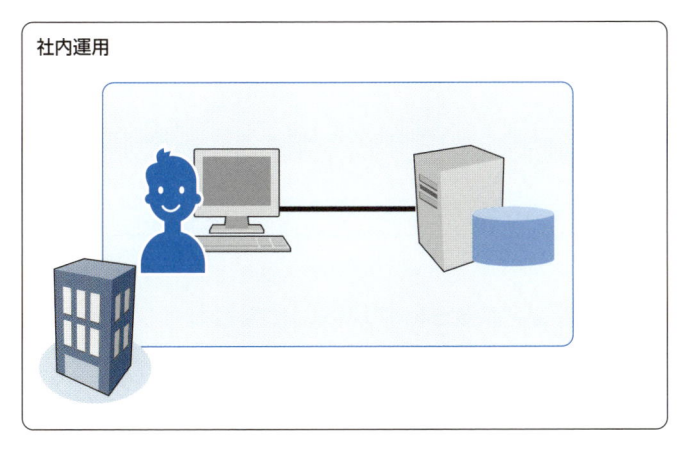

社内運用

- ●ビジネスのどの部分にコストがかかっているか
  そのうち、クラウド化でコスト削減できる部分はどこか

- ●移行のためのアーキテクチャ面の課題は何か
  クラウドアプリケーションと非クラウドアプリケーションの統合は可能か

- ●調達／プロビジョニング／管理などにまつわるプロセスはどう変わるか
  これまでと異なるモデルを生かすために技術やプロセスをどう変えたらよいか

- ●プライベートクラウドを採用する場合、パブリッククラウドに比べてコスト面での課題はないか

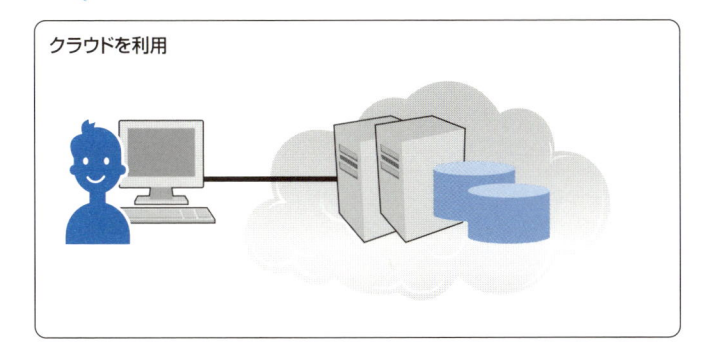

クラウドを利用

chapter 5　開発者視点でのクラウドとは

12 アプリケーション開発者にとっての課題

いち早くクラウドのノウハウを身につけることが大きな武器となる

　クラウドコンピューティングは、企業のIT管理者だけでなく、**アプリケーション開発者にとっても大きな変革を要求される**ものです。以下に、クラウド時代を迎えるにあたってアプリケーション開発者が注意すべき点をいくつか紹介します。

アプリケーション開発者が注意すべき点

対象とするプラットフォーム	開発者は作成したアプリケーションが従来のようなクライアントPCや単一のサーバではなく、クラウドという巨大なコンピュータ上に設置されることを意識しなければならない。利用できるコンピューティングリソースがまったく異なるほか、クライアントとなるデバイスの種類が多様になるという点にも注意が必要となる
スケールするシステム	自在にスケールできることはクラウドのメリットの1つだが、その上で動作するアプリケーションは、変化するシステムの規模に柔軟に対応できるようになっていなければならない
プログラミング言語（2-13参照）	既存のプログラミング言語が、クラウド上で動作するアプリケーションの開発に必ずしも適しているとは限らない。クラウドのパワーを最大限に生かすためには、クラウドに適した特性を持つプログラミング言語を採用する必要がある。またMapReduce（2-14参照）などの新しい技術への習熟も必須となる
データモデリング	クラウドアプリケーションでは、柔軟なスケールに対応するためにNoSQL（2-16参照）を採用するケースが増えてくる。NoSQLを使いこなすには、従来のリレーショナルデータベースとはまったく異なるノウハウが必要になる
開発プロセス	クラウドの柔軟性を生かすためには、開発プロセスもニーズの変化に柔軟に対応できるものを採用する必要がある

　これらの変化にいち早く対応し、ノウハウを身につけることが、クラウド時代を牽引する開発者になるための大きな武器となるでしょう。

クラウドでアプリケーション開発はどう変わるか

対象となるプラットフォーム

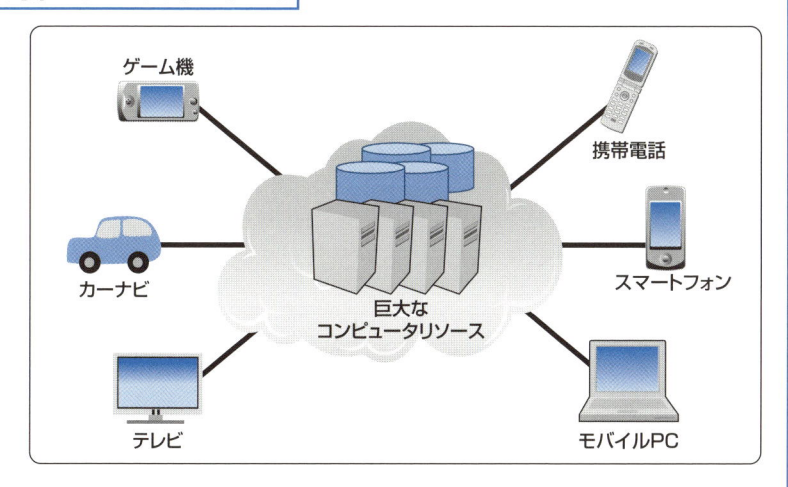

- ゲーム機
- カーナビ
- テレビ
- 携帯電話
- スマートフォン
- モバイルPC
- 巨大なコンピュータリソース

スケールするシステム

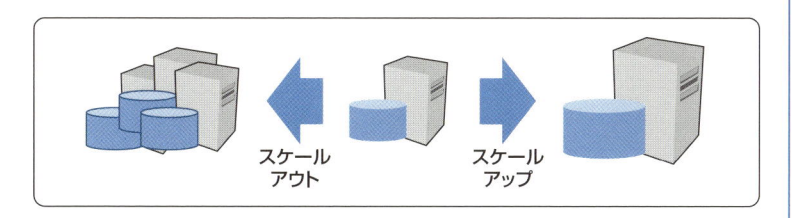

スケールアウト　スケールアップ

プログラミング言語とデータベース

従来の主要言語
- Java
- C++
- PHP
- Python
- Perl
- Ruby
- JavaScript

関数型言語
- Erlang
- Scala
- Google Go
- F#

分散並列処理
- MapReduce
- Hadoop
- fairy

NoSQL
- Key-Value-Store
- テーブル指向
- ドキュメント指向
- グラフ指向

chapter 5 ロックインの問題を意識する
13 他のクラウドサービスへの乗り換え

異なるクラウドサービスへの移行は容易ではない

　すでにクラウドサービスを利用している場合でも、サービスの内容や品質面での不満、ビジネスニーズの変化など、さまざまな理由から他のクラウドサービスに乗り換えたいというケースが出てくるかもしれません。しかし注意しなければならないのは、「**異なるクラウドサービスへの移行は必ずしも容易ではない**」ということです。

　たとえば、Google App Engine（4-2参照）やSalesforce.com（4-6参照）に代表されるPaaS型のサービスでは、利用できるプログラミング言語やデータベースシステムなどの環境が限定されているため、同様の環境をサポートするサービス以外には簡単に乗り換えることができません。同じ言語をサポートしているように見えても、実装バージョンやライブラリが異なったりすれば、移行時に修正が必要になります。

　このように乗り換えがきかない状態のことを「**ロックイン**」と呼びます。SaaSの場合はアプリケーションそのものがクラウドサービス特有のものであるため、ロックインの傾向はより顕著です。自由度が高いとされるIaaSにしても、仮想環境の違いや、仮想インスタンスの管理方法の違いなどから、そのまま移行できるケースはまれと言ってよいでしょう。

　最近では、他サービスとの相互運用性を高めるという観点からクラウドプラットフォーム技術の標準化を目指す動きも始まっていますが、実現までにはいましばらくの時間が必要です。したがってクラウドサービスの選択時には、**将来的なニーズの変化に対応できるかどうか**という点を含めてよく検討することが求められます。それに加えて、他クラウドへの移行の容易さや、他サービスとの相互運用性なども重要な選択基準になることを意識しておくとよいでしょう。

chapter 5 クラウドの課題と今後

他のクラウドサービスへ乗り換える際の問題

クラウドサービスA
- OS:Windows
- 仮想環境:VMware
- データベースシステム:KVS
- プログラミング言語:.NET
- ライブラリ
- アプリケーション
- etc……

- 新しい環境に向けたチューニングが必要
- 仮想マシンが移行できない
- 既存のノウハウが生かせない
- 運用手順が変わった
- アプリケーションが動作しない
- データ形式の互換性がない
- 必要なライブラリがない
- 移行コストが高い

さまざまな要因によって、他のクラウドサービスへ乗り換えができない**ロックイン**の状態になる

クラウドサービスB
- OS:Linux
- 仮想環境:Xen
- データベースシステム:BigTable
- プログラミング言語:Java
- ライブラリ
- アプリケーション
- etc……

chapter 5 クラウド技術の標準化への取り組み

14 クラウドの標準化

さまざまな団体が同時並行的に標準化を進めている

　企業によるクラウド利用に対する懸念の1つとなっているのが、異なるクラウドサービス同士の互換性が確保されておらず、複数のサービスの相互利用や、他クラウドへの乗り換えが容易ではないという点です。そこで重要になるのが**クラウド技術の標準化**です。クラウドの構築や利用に関する標準的な要件が定められれば、**相互運用性や管理上の利便性**、**特定サービスへのロックインの回避**などといったメリットを得ることができます。

　2011年6月現在は、さまざまな業界団体がクラウドの標準化に乗り出し、その仕様や要件の提案を始めた段階です（右図参照）。一言で「クラウド」と言ってもその影響が及ぶ分野は広く、多くの業界を巻き込むことになります。そのため標準化についても、対象となる領域が団体ごとの専門分野によって少しずつ異なっています。

　たとえばクラウドの構築や利用に関する標準化だけを見ても、エンドユーザとクラウド間のインターフェースや、クラウド同士の相互利用のためのインターフェース、クラウド内のサーバと周辺機器のインターフェースなど、その対象は多岐にわたります。そのほかにも、セキュリティ技術の標準化や、標準化を目指す各団体が連携を取るためのワークショップなど、さまざまな取り組みが進められています。

　このように活発な議論が行われる一方で、現在はクラウドを利用したさまざまな新しい試みが生み出されている最中であるため、標準化は時期尚早だという意見も出ています。また、Amazon.comやSalesforce.comなどの大手クラウド事業者は依然として積極的な姿勢を見せていないという懸念もあります。いずれにせよ、クラウドの標準化に対する試みは今後ますます加速していくことが予想されますが、実際に具体的な方向性が定まり、仕様が決定するまでには、まだしばらくの時間が必要だと言えます。

クラウドの標準化を目指すおもな団体や取り組み

団体／取り組み	概要	主な参加企業
IEEE (Institute of Electrical and Electronics Engineers)	クラウドの携行性や管理性などに関するインターフェースの標準化に焦点を当てたP2301ワークグループと、クラウド間の相互連携に焦点を当てたP2302ワークグループを立ち上げた	
ODCA (Open Data Center Alliance)	Intelが提唱するオープンなクラウド構想「Cloud 2015」を発表。Cloud 2015はクラウド間の相互連携、アプリケーションの自律的移行、クライアントの自動認識を柱としたコンピューティングの未来像に関する構想。それを叩き台に、具体的な要件の制定を目指す団体としてODCAが発足した	Intel、BMW、China Life、Deutsche Bank、JP Morgan Chaseなど
OGF (Open Grid Forum)	グリッドコンピューティングの促進を目出して発足した団体だが、OCCI (Open Cloud Computing Interface) ワークグループを立ち上げてクラウドの標準化に着手。エンドユーザとクラウド間のインターフェースの標準化に焦点を当てた要件定義を発表	Microsoft、Intel、Oracleなど
DMTF (Distributed Management Task Force)	分散処理技術の標準化を目指す団体だが、OCSI (Open Cloud Standards Incubator) としてクラウド環境の管理や相互運用性の標準化に取り組むことを発表	AMD、Cisco、IBM、Intel、Microsoft、富士通、日立、Citrix、VMwareなど
Open Cloud Manifesto	将来のオープンクラウドの実現に向けてクラウドベンダが遵守すべき内容を発表	IBM、Oracle、Ciscoなど
SNIA (Storage Networking Industry Association)	ストレージ技術に関するソリューションの啓蒙や教育、標準化を行っている団体だが、CSI (Cloud Storage Initiative) としてクラウド内のストレージに対するアクセスや管理の標準化に取り組む	Cisco、EMC、日立データシステムズ、IBM、Oracleなど
CSA (Cloud Security Alliance)	クラウドのセキュリティを確保するためのベストプラクティスを促進する目的で発足。クラウド環境におけるセキュリティの重要性や、利用者／事業者が取るべき対策をまとめたレポートを発表	Microsoft、Cisco、VMware、HP、Symantec、Googleなど

chapter 5 環境保護から見たクラウド
15 クラウドとグリーンIT

クラウドの利用がグリーンITを促進する

　「**グリーンIT**」とは、環境負荷の低いITシステムの構築や利用を促進する思想または取り組みのことを指す用語です。具体的には、サーバやルータをはじめとするIT機器の省電力化や、地球環境に配慮した運用管理を行うことによって、温室効果ガスや産業廃棄物の削減を目指します。

　クラウドの利用促進は、このグリーンITの観点からもきわめて有効だと言われています。PCやサーバ、ネットワーク機器などは、常時稼働させておかなければならないため多くの電力を消費します。また、排出する熱量も多く、その冷却のための空調は欠かすことができません。電力の消費や空調の利用は、そのまま温室効果ガスの排出につながります。

　クラウドを利用することで、各企業が個別に運用していたサーバなどのIT機器がデータセンターに集約されることになります。企業のサーバをそのままデータセンターに持って行っただけでは温室効果ガス削減の効果はありませんが、実際には仮想化などの技術によってリソース利用の最適化が可能になるため、**ハードウェアの利用効率は大幅に改善されます**。それに加えて多くのデータセンターでは、グリーンITの観点から省電力型のハードウェアや高効率な空調利用環境の採用を促進し、地球環境の保全に努めているため、環境負荷を低く抑えることができるわけです。

　その一方で、**グリーンITを促進するためのクラウドサービス**も登場しています。たとえば、オフィスビルの電力消費量の監視／分析や、電気機器の管理の自動化をサポートするSaaS型アプリケーションなどがあります。クラウドのパワーにより膨大なデータをリアルタイムで分析できることが、これらのサービスの実現を後押ししています。このような事例も、クラウドとグリーンITの関係を示す要素の1つと言えます。

クラウド利用による環境負荷の改善

例：温室効果ガスの削減

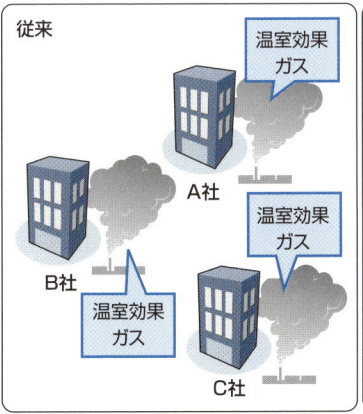

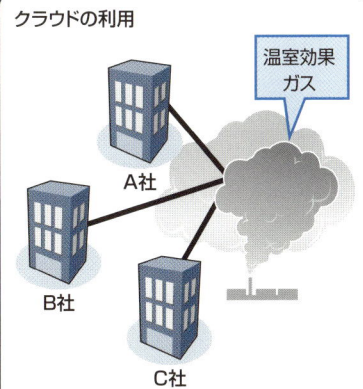

クラウドサービスを利用した消費電力量最適化のイメージ

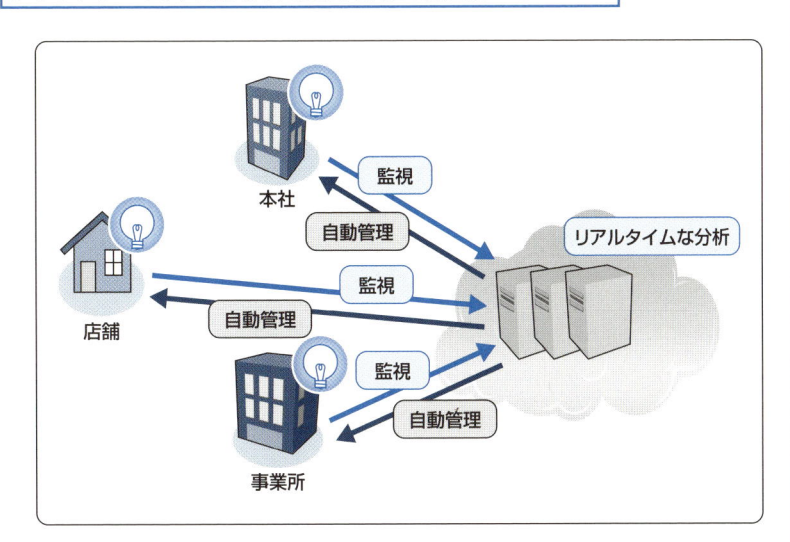

chapter 5　行政システムにクラウドを活用する①

16 霞ヶ関クラウドとは

行政システム基盤をクラウドに集約し、業務の効率化と利便性の向上を目指す

　クラウドはビジネスの分野だけでなく、電子政府や電子自治体といった行政分野での活躍も期待されています。特に総務省が進めるIT政策では、行政情報システムの最適化を目的とした電子行政のための専用クラウドシステムの構築が計画されており、「**霞ヶ関クラウド**」や「**自治体クラウド**」と呼ばれています。

　霞ヶ関クラウドは、政府の各府省で利用する情報システムを統合／集約するための共通プラットフォームとなるクラウドシステムを指す通称です。現状では各府省が個別にシステムを整備しており、ハードウェアおよびソフトウェア資源への投資と、その運用にかかる業務負担の増加が大きな問題となっています。さらに各情報システム同士の連携が不十分なことから、複数の部署で業務内容が関連していても、保有する情報が活用しきれていないという問題もあります。

　これを解消するために、各府省の情報システムを「**政府共通プラットフォーム**」の上に集約することで、IT資産への投資の最適化を図るというのが、霞ヶ関クラウドの構想です。政府共通プラットフォームは仮想化技術を利用して構築し、OSやミドルウェアなどの基盤ソフトウェアの共通化、アプリケーション機能の統一、運用管理の一元化などによって低コスト化を実現します。さらに、ここにデータ連携のための基盤を組み込むことによって、業務間のデータの連携や共同利用を可能にし、利用者（国民／企業）の利便性を向上させるという計画になっています。

　「政府共通プラットフォーム」はまだ準備段階ではありますが、総務省では現在、対象となるシステムの選定や提供する機能の策定、各府省の役割分担の明確化、データ連携に伴う業務フローの見直しといった、計画の実現に向けた課題に取り組んでいます。

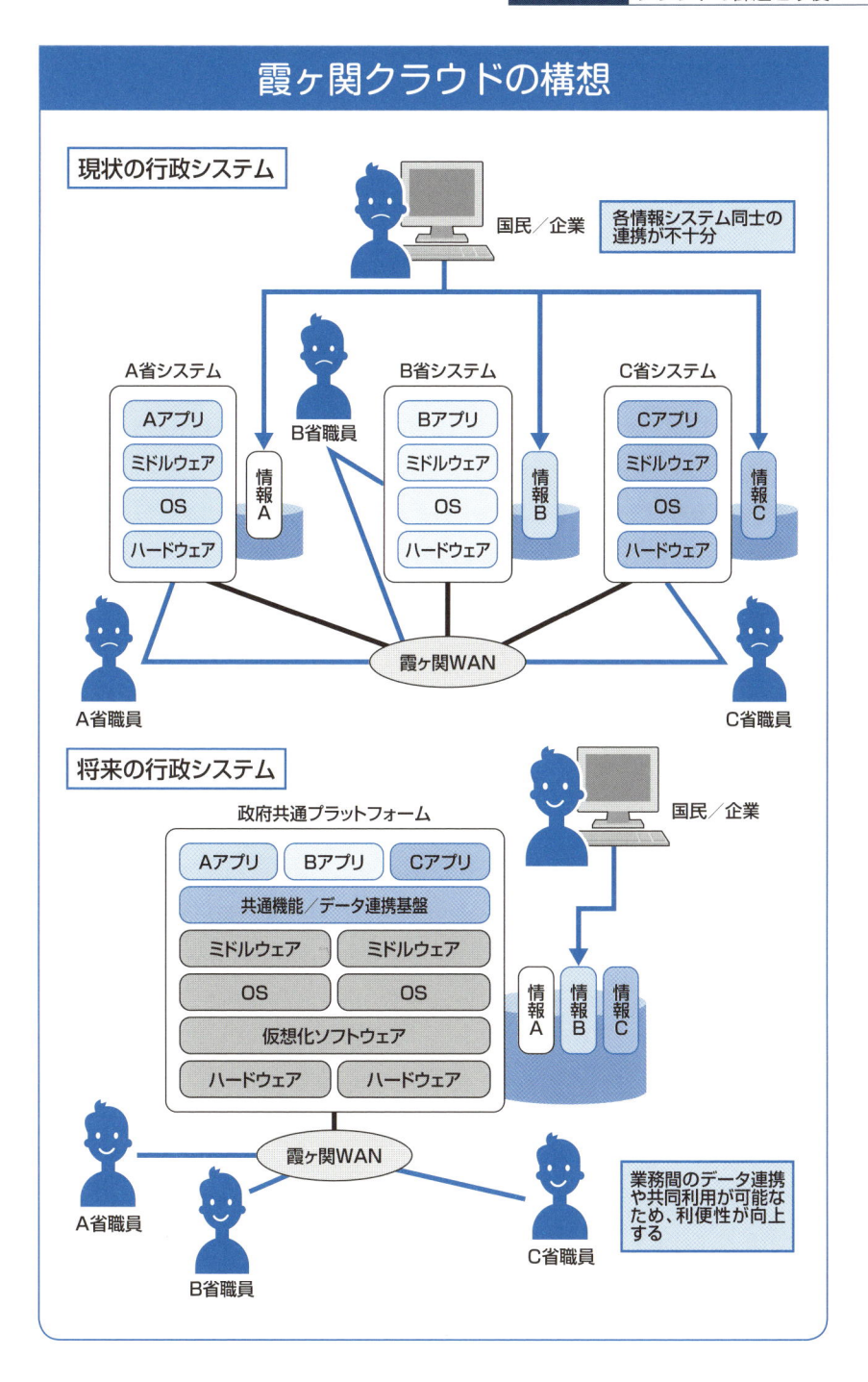

chapter 5 クラウドの課題と今後

霞ヶ関クラウドの構想

現状の行政システム

国民/企業

各情報システム同士の連携が不十分

A省システム
- Aアプリ
- ミドルウェア
- OS
- ハードウェア

B省職員

情報A

B省システム
- Bアプリ
- ミドルウェア
- OS
- ハードウェア

情報B

C省システム
- Cアプリ
- ミドルウェア
- OS
- ハードウェア

情報C

霞ヶ関WAN

A省職員　　　　　　　　　　　　　　　　　　　　　C省職員

将来の行政システム

政府共通プラットフォーム
- Aアプリ　Bアプリ　Cアプリ
- 共通機能/データ連携基盤
- ミドルウェア　ミドルウェア
- OS　OS
- 仮想化ソフトウェア
- ハードウェア　ハードウェア

国民/企業

情報A　情報B　情報C

霞ヶ関WAN

A省職員　　B省職員　　C省職員

業務間のデータ連携や共同利用が可能なため、利便性が向上する

173

chapter 5 行政システムにクラウドを活用する②

17 自治体クラウドとは

全国の自治体の情報システムを集約する大規模行政クラウドシステムを構築する

　電子行政システムの効率化／最適化を目的として、霞ヶ関クラウドと並行して政府が進めているのが「**自治体クラウド**」の構築です。**自治体クラウドとは、地方公共団体の情報システムの基盤を提供するクラウドシステム**であり、**都道府県や市町村で利用する業務システムを集約することによって、効率的な構築と運用を実現する**という目的を担っています。

　現状では、全国に数百ある自治体が個別に情報システムを運用しており、その設備投資や保守のためのコストが大きな問題になっています。そこで、これらの情報システムを共同運営のデータセンターに集約し、共通で利用が可能な基盤システムを提供しようというのが自治体クラウドの試みです。参加する自治体の数が多く、物理的な範囲も日本全国にまたがるため、自治体クラウドでは県別あるいは近隣の複数県が共同でそれぞれデータセンターを整備し、その連携基盤を全国規模で構築するという方法をとっています。

　自治体クラウド上には、共同利用型の各種業務アプリケーションと、ASP／SaaS型の業務サービスが構築されており、市町村ではそのASP／SaaS業務サービスを利用するか、自前で業務システムを保有して利用するかを選択します。自前のシステムを利用する場合には、自治体クラウドの標準インターフェースに準拠することで、自治体クラウドに参加できるようになっています。データセンターと各自治体や、県別データセンター間のネットワーク接続には、地方公共団体専用の総合行政ネットワークである「**LGWAN**」を利用します。

　自治体クラウドは2009年度より総務省による実証実験が開始されており、北海道や京都府、佐賀県をはじめとする6道府県78市町村が参加しています（2011年6月現在）。将来的には、その成果を基に全国展開を進めていくとのことです。

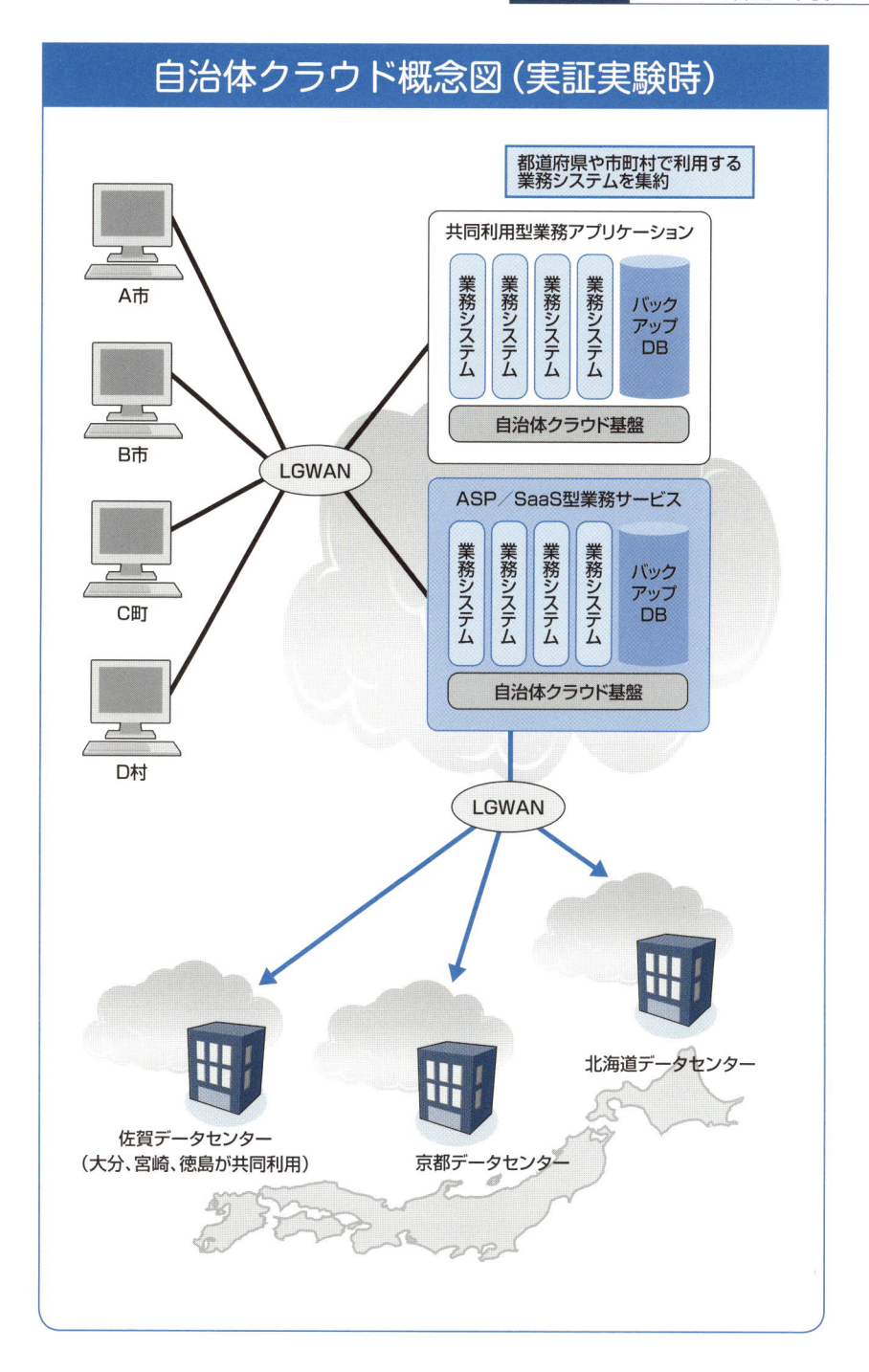

chapter 5　クラウドの課題と今後

自治体クラウド概念図（実証実験時）

都道府県や市町村で利用する業務システムを集約

共同利用型業務アプリケーション
- 業務システム
- 業務システム
- 業務システム
- 業務システム
- バックアップDB

自治体クラウド基盤

ASP／SaaS型業務サービス
- 業務システム
- 業務システム
- 業務システム
- 業務システム
- バックアップDB

自治体クラウド基盤

A市、B市、C町、D村 ─ LGWAN ─ クラウド ─ LGWAN ─

- 佐賀データセンター（大分、宮崎、徳島が共同利用）
- 京都データセンター
- 北海道データセンター

175

chapter 5 農業にクラウドを活用する

18 農業クラウドとは

ベテラン農家の知識やノウハウを蓄積／共有する

　食糧自給率の改善が急務となっている日本では、クラウドを利用して農業をサポートする「**農業クラウド**」にも注目が集まっています。農業は、土壌の状況や周辺の環境、天候、育成状態など、複数の要因によって必要となる作業やタイミング、対処方法が違ってきます。これらはベテラン農作業員の経験や勘に頼る部分が多く、体系的なマニュアル化が難しいと言われてきました。その一方で農業従事者の高齢化は年々深刻化しており、次世代を担う人材の育成は急務となっています。

　そこで、**ベテラン農家の知識やノウハウを集積し、広く共有する**ことによって、このような状況を打破しようというのが「農業クラウド」の目的です。具体的には、その日の作業内容や農作物の状態、土壌の状態などのさまざまな情報を収集し、育成状況や環境の推移などを作業員や農業管理者が一目でわかるように可視化します。さらに、クラウド上に蓄積された知識やノウハウを基に状況を分析し、作業計画や作業内容の手順書などを作成することで現場の作業をサポートする、というのが農業クラウドの構想です。

　農場の気温や湿度、土壌の水分や栄養状態など、必要な情報の収集には、作業員による報告だけでなく、センサーやカメラ、衛星画像、GPSなども活用します。たとえば、センサーで収集した情報を基に次に必要な作業を決定したり、トラクターにGPSを搭載し、地図情報システムと連携させることで耕作の範囲やルートを最適化するなどといった具合です。

　そのほかに、農業管理者向けに市場情報の収集や出荷／流通の管理、会計管理などを行うSaaS型サービスの提供も考えられます。従来であれば、このような大規模なシステムを構築するにはばく大な金額が必要でしたが、クラウドを活用することによってコストを抑えることができると期待されています。

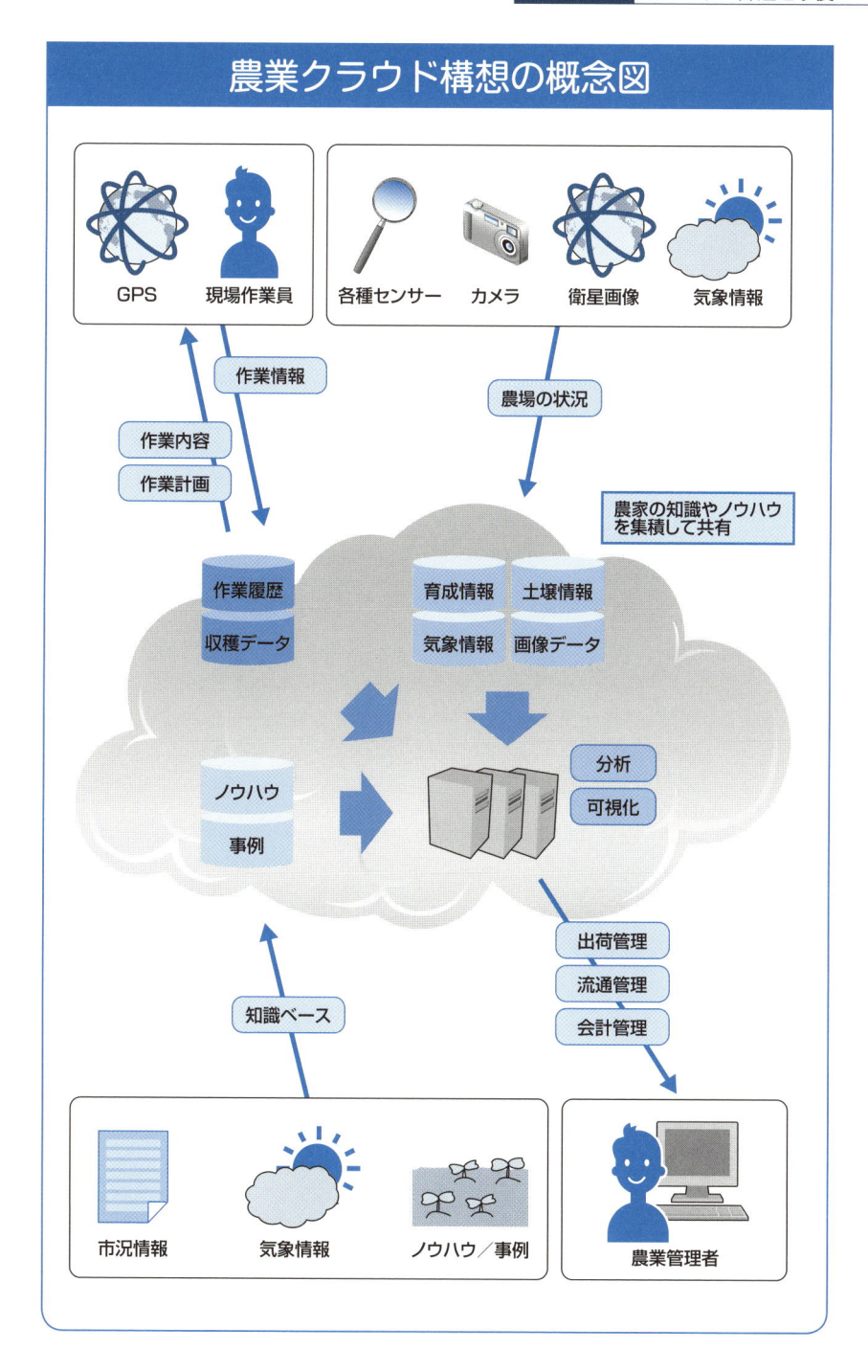

Chapter 5 クラウドの課題と今後

農業クラウド構想の概念図

chapter 5　教育現場にクラウドを活用する

19 教育クラウドとは

電子教材とクラウドを統合することで教育の質の向上をサポートする

　学校の現場では、校務システムの構築やデジタル教材の導入など、IT機器を活用した教育体制作りが急速に進められています。その中で、**クラウドを活用することで校務能率の最適化や授業の質の向上などを実現しよう**という動きも活発になってきました。それが「**教育クラウド**」構想です。

　教育クラウドの目的の1つは、**教務や学籍管理、保健関係手続きといった事務作業をサポートする校務システムを構築する**ことです。近年では学校で校務システムの導入が進みつつありますが、その多くは自治体ごとに個別のシステムとして構築されており、その構築や保守にかかるコストの増大が問題になっています。これをクラウド化することによって、コストや運用を効率化し、学校側の負担を軽減しようという試みです。

　そして教育クラウドのもう1つの目的が、**授業で利用する教科書や教材／副教材を電子化し、クラウド上に集約する**というものです。生徒は教室や家庭から電子書籍端末やタブレット端末などを利用してこれらの教材にアクセスし、学習に利用することができます。教材を電子化することで、成績管理や授業の進捗管理が容易になるほか、優れた教育事例との連携などといった活用方法にもつなげていくことができます。これらの教師向けの支援システムもクラウドベースでSaaSとして提供することが可能です。一方で、現状では電子教材の使い勝手がよくないことや、生徒や教師が電子端末の操作に慣れるまで時間がかかるといった問題も指摘されています。

　そのほか、教育クラウドでは学校向けのコミュニティポータルの提供などの役割も考えられます。これによって生徒間や教師間、あるいは教師と生徒とのコミュニケーションの活性化をサポートします。また、教師と保護者との連携強化や、学校間の交流の活性化などにも教育クラウドの活用が期待されています。

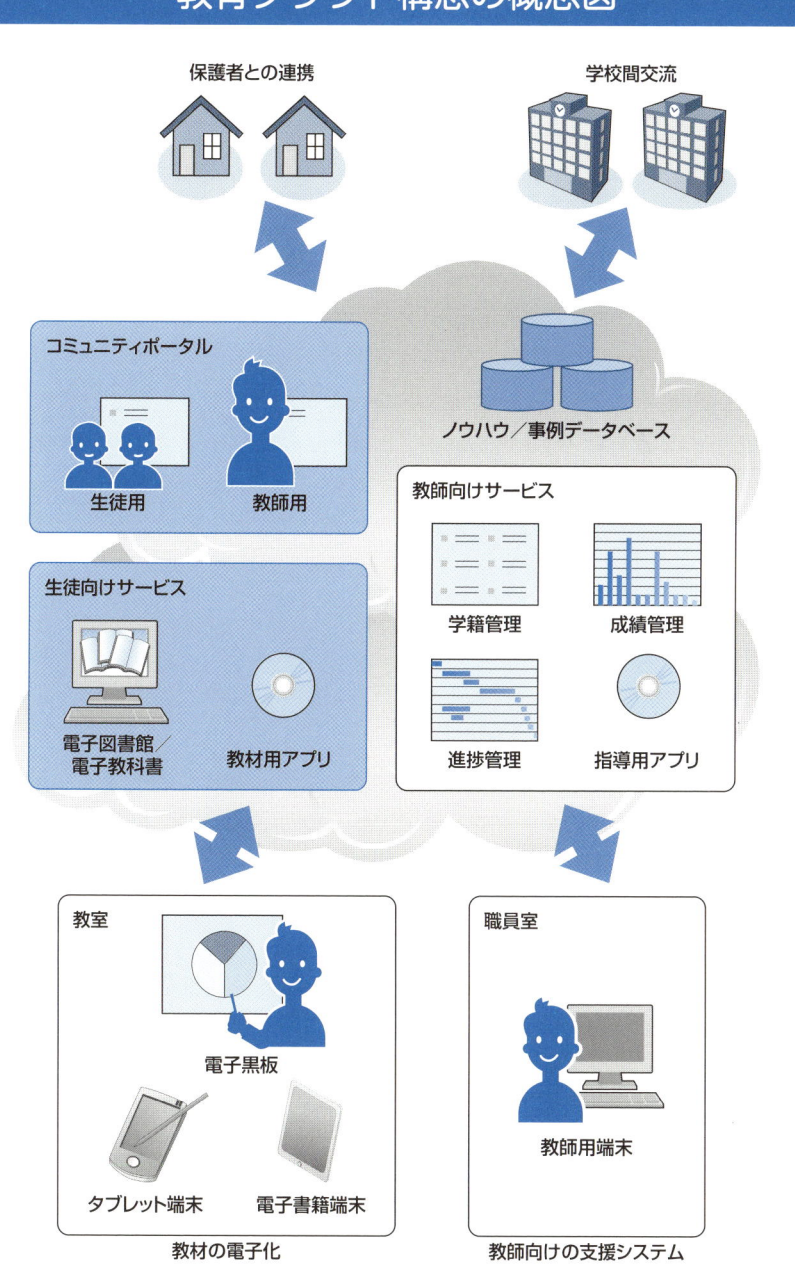

chapter 5 クラウドの課題と今後

教育クラウド構想の概念図

保護者との連携

学校間交流

コミュニティポータル
- 生徒用
- 教師用

ノウハウ／事例データベース

生徒向けサービス
- 電子図書館／電子教科書
- 教材用アプリ

教師向けサービス
- 学籍管理
- 成績管理
- 進捗管理
- 指導用アプリ

教室
- 電子黒板
- タブレット端末
- 電子書籍端末

教材の電子化

職員室
- 教師用端末

教師向けの支援システム

179

Chapter 5 医療サービスにクラウドを活用する

20 医療クラウドとは

> クラウドの利用で医療情報や医療業務アプリケーションの運用を効率化する

　医療の分野でもクラウドを活用しようという試みが始まっています。それが「**医療クラウド**」です。医療クラウドとは特定のクラウドプラットフォームを指す言葉ではなく、「**医療分野向けのサービスやアプリケーションを提供するクラウドプラットフォームの総称**」と言うことができます。医療クラウドに期待されている効果は、大きく分けて2つあります。

　1つはさまざまな医療情報の集約と共有です。医療分野では、カルテや検査画像、診療記録、薬識手帳など、実にさまざまな情報を扱います。しかし、現状ではこれらの情報は医療機関ごとに個別に管理／運用しており、他の医療機関との連携が効率的に行われているとは言えません。これらの情報をクラウド上に集約し、医療業界全体で効率的に運用しようというのが、医療クラウドの構想です。

　医療クラウドに対するもう1つの期待は、**医療機関向け業務システムの提供**です。これは、オンラインレセプトシステムや医事会計システム、医療事務システムなどを病院ごとに個別に用意するのではなく、SaaSとして利用できるようにするというものです。医療業務特有のアプリケーションを導入しやすくすることで、医療機関でのIT活用を促進するというねらいがあります。

　そのほかに、ホーム医療システムと連携させることで、患者と医療機関の情報伝達をスムーズに行えるようにするといった活用方法も、医療クラウドの構想に含まれています。また、医療システムに特化したインフラやプラットフォームを提供するIaaSやPaaSも登場しています。

　ただし、医療分野ではカルテ情報などの個人の機微情報を扱うため、今後の普及に向けて、セキュリティや個人認証、他の機関との共有のあり方などについて慎重な検証と議論が必要とされます。

chapter 5 クラウドの課題と今後

医療クラウド構想の概念図

- 血圧計
- 携帯電話
- テレビ電話
- バイオセンサー
- ヘルスメーター

医療機関向けSaaS
オンラインレセプト、医療事務システム、医事会計システムなど

一般利用者向けSaaS
健康管理／監視や緊急時通報システムなど

PaaS／IaaS
厳重なセキュリティ要件など、医療システムに特化したインフラやプラットフォームを提供

- 病歴
- 投薬情報
- 診療情報
- 検査画像

- 病院A
- 病院B
- 介護施設
- 薬局
- 公共施設

付録
関連用語解説

【A〜Z】

Amazon EC2 ／ Amazon S3
Amazon.com が提供している IaaS 型のクラウドサービス。P.110 参照。

API（Application Programming Interface）
OS やミドルウェア、プログラミング言語などに用意された機能を利用するための命令セットのこと。多くの場合、特定のプログラミング言語向けの関数やクラスの集合として提供される。アプリケーションをプログラミングするにあたっては、ファイル制御やウィンドウ制御、画像処理、文字制御など、プラットフォームに用意されたさまざまな機能を使いこなさなければならない。API は、これらの機能をより簡潔に利用する手段としての役割を持つ。

ASP（Application Service Provider：アプリケーションサービスプロバイダ）
インターネットを通じてソフトウェアの機能などをサービスとして提供する事業者のこと。P.80 参照。

CDN（Contents Delivery Network）
デジタルコンテンツをネットワーク経由で配信するために最適化されたネットワークのこと。音楽や動画といったデジタルコンテンツはファイルサイズが大きいため、HTML などの通常のファイルを同じしくみで配信するとネットワークに多大な負荷がかかってしまう。そこで、そのような大容量のコンテンツを多数のユーザに対して配信することに特化したネットワークシステムが求められるようになった。

CRM（Customer Relationship Management）
日本語で顧客関係管理。情報システムを利用して、企業が顧客と長期的な関係を構築する経営手法を指す。顧客に関する詳細なデータ分析を基に個別のニーズに対してきめ細かく対応し、顧客の利便性と満足度を高めることによって収益の拡大および安定化を目指す。

DaaS（Desktop as a Service）
仮想化技術を利用して構築されたデスクトップ環境をクライアント向けのサービスとして提供する、クラウドのサービスモデルの1つ。P.32、P.60 参照。

Eclipse
Java や C/C++ をはじめとするさまざまなプログラミング言語に対応したオープンソースの統合開発環境。もともとは IBM によって開発されたもので、2001年にオープンソース化されてからは、IBM を中心とするさまざまな企業や団体、有志開発者で構成される Eclipse Foundation の手によって開発が進められている。強力なプラグイン機構を備えていることが特徴で、データベース開発や帳票作成など、多彩なツールが Eclipse 用のプラグインとして提供されている。

Erlang（アーラン）
関数型プログラミング言語の一種。言語としては、単一代入や動的型付けといった特徴を備えており、文法は C 言語など

をはじめとする手続き型言語とは大きく異なる。大量のプロセスによる並行処理を比較的容易に記述できることや、障害への耐性が高いといったメリットがあるため、分散並列環境の能力を活かしやすい言語として注目を集めている。

F#
Microsoftの研究チームによって.NETプラットフォーム向けに開発された関数型プログラミング言語。オブジェクト指向言語としての特徴も有しており、.NET Framework環境との統合を容易に行うことができる。優れた型推論システムによって、コードの記述量を最小限に抑えられることなども大きな特徴。

fairy
プログラミング言語Rubyで実装された分散並列処理のためのフレームワーク。入出力をストリームで扱い、このストリーム中に複数のフィルタを設けることで、フィルタの処理を順次適用しながら処理を行う。このフィルタによって、たとえばMapReduceのMapフェーズやReduceフェーズのような処理も実現できる。サーバ側は複数のノードから構成され、入力データは細かく分割されて各ノードでそれぞれ処理される。

Force.com
Salesforce.comが提供しているPaaS型のクラウドサービス。P.116参照。

Google App Engine
Googleが提供しているPaaS型のクラウドサービス。P.108参照。

Google Go
Googleによって開発されたプログラミング言語。特に並列コンピューティング環境に配慮した設計になっていることが大きな特徴。コンパイル言語だが、コンパイラがきわめて高速なことや、動的な型付けを採用していることから、ほかの動的プログラミング言語と同様の柔軟性や生産性を保持している。文法はC言語に似ているが、細部は大きく異なる。

Hadoop
オープンソースで開発されている大規模分散処理のためのフレームワーク。GoogleのGoogle File SystemおよびMapReduceに触発されて開発されたもので、分散ファイルシステムの「HDFS (Hadoop Distributed File System)」と、分散並列処理フレームワークの「Hadoop MapReduce Framework」から構成される。Hadoop自身はJavaで実装されているが、Hadoop Streamingという拡張パッケージを用いることで、C/C++やRuby、Pythonなどの任意の言語から利用することができる。

HTTP
（Hyper Text Transfer Protocol）
WebブラウザとWebサーバの間で、HTMLなどで記述されたコンテンツや、画像／動画をはじめとするバイナリデータを送受信するために用いられる通信プロトコル。RFC 2616で規定されている。WebブラウザがWebサーバにリクエストメッセージを送信し、サーバがそれに応じてレスポンスメッセージを返すというしくみで通信を行う。セキュリティを確保したい通信では、HTTPと暗号化を組み合わせたHTTPS（Hypertext Transfer Protocol over Secure Socket Layer）が利用される。

IaaS（Infrastructure as a Service）
ネットワークやサーバなどのインフラをインターネット経由でサービスとして提供する、クラウドのサービスモデルの1つ。P.32、P.58参照。

IDS（Intrusion Detection System：不正侵入検知システム）
サーバやネットワークを監視して、不正な侵入を検知するシステム。通過するパケットを記録／分析し、不正アクセスと疑われるパケットが検出された場合には

管理者に通報する。ネットワーク上のパケットを監視するネットワーク型監視と、サーバのI/Oパケットを監視するサーバ型監視がある。

IPS（Intrusion Prevention System：不正侵入防御システム）
サーバやネットワークへの不正な侵入を防止するシステム。パケットの解析や不正な処理の監視などによって侵入を検知したら、接続を遮断してシステムを守る。同時に管理者への通報やログの記録などを行う。ネットワーク上に専用の機器を設置するアプライアンス型や、サーバにインストールして使用するホスト型などのタイプなどがある。

JSON（JavaScript Object Notation）
JavaScriptなどにおいてオブジェクトをテキスト表記するために開発された表記法。プログラムによる解析や編集が可能で、かつ人間にとっても読み書きができる表記法となっているため、汎用のデータ交換フォーマットとして広く使われている。名前にJavaScriptと付いてはいるものの、仕様そのものはプログラミング言語に依存するものではなく、多くの言語でJSONによるデータ交換がサポートされている。

Key-Value-Store（KVS）
キーと値をペアにした構造でデータを格納する、データベースへのデータ格納方式。NoSQLの一種として位置づけられている。P.74参照。

LGWAN（Local Government WAN）
地方自治体のコンピュータネットワークを相互接続した広域ネットワークで、正式名称は「総合行政ネットワーク」という。地方公共団体間のコミュニケーションの円滑化や情報の共有を目的として整備されたもので、全国の地方公共団体のネットワークや、中央省庁の府省間ネットワークである霞ヶ関WANが相互接続されている。

MapReduce
大量のデータを複数のコンピュータを利用して並列的に処理するために開発された、分散並列処理フレームワークの一種。P.70参照。

NoSQL
リレーショナルデータベース（RDB）ではないデータベース全般を指す用語。P.72、P.74参照。

PaaS（Platform as a Service）
アプリケーションを構築／稼働させるためのプラットフォームを、インターネット経由でサービスとして提供する、クラウドのサービスモデルの１つ。P.32、P.56参照。

RDBMS（Relational DataBase Management System）
データの集合を、データ同士の関係を表現しながらテーブル（表）の形で格納する方式のデータベースをリレーショナルデータベースという。そのリレーショナルデータベースを扱うためのデータベースソフトウェアがRDBMS。RDBMSの多くは、データを操作するための問い合わせ方法としてSQL（Structured Query Language）と呼ばれる言語を採用している。

SaaS（Software as a Service）
サーバ側で稼働させたソフトウェアの機能をサービスとして提供する、クラウドのサービスモデルの１つ。P.32、P.54参照。

Salesforce CRM
Salesforce.comが提供している、SaaS型の業務アプリケーションサービス。P.114参照。

Scala
関数型言語とオブジェクト指向言語の両方の性質を取り入れたプログラミング言語。Javaの実行環境であるJava仮想マシン上で動作し、Javaの豊富なライブラリを利用したり、既存のJavaプログラム

と容易に連携させたりすることができる。Erlangなどとは異なり静的型付けの言語だが、簡潔な文法と優れた型推論によって、動的言語に近い柔軟性と生産性を実現している。

SOX法
アメリカのサーベンスオクスリー法（正式名称は「Public Company Accounting Reform and Investor Protection Act of 2002」）のこと。企業の内部統制の強化や会計監査制度の強化、経営者による不正行為の防止などを目的として制定されたもので、企業が持つ情報を、業務プロセスを含めて明確化／文書化することが義務付けられている。日本では2006年に改正された金融商品取引法の一部規程において同様の取り決めが行われており、「日本版SOX法」と呼ばれている。

TCO（Total Cost Ownership）
ある設備や資産などに対して、導入から維持／管理、そして廃棄までに必要となるコストの総計を指す用語。「総保有コスト」ともいう。ここでいう「コスト」は、純粋に金銭的な費用を指す場合と、時間や人的なリソースを含めた総合的なコストを指す場合がある。

VPN（Virtual Private Network）
インターネットなどのオープンなネットワークの中に、仮想的にプライベートなネットワークを構築するしくみ。日本語では「仮想プライベートネットワーク」と呼ぶ。P.62参照。

Web 2.0
2000年代中期ごろに起こった新しいWeb利用方法の潮流を表現した言葉。P.76参照。

Windows Azure
Microsoftが提供しているPaaS型のクラウドサービス。P.120参照。

XML（eXtensible Markup Language）
文書をはじめとするさまざまなデータをテキストで表現するためのマークアップ言語の1つ。タグと呼ばれる特定の文字列を用いて、データの意味や構造、装飾などの情報をテキストで記述することができる。Webページを作成するためのHTMLにも似ているが、構文はより厳密にできている。またXMLでは独自のタグを指定することが可能であるため、個別の目的に応じたマークアップ言語を作成する目的で汎用的に利用される。

【あ行】

アウトソース
業務の一部を外部の企業などに委託すること。企業は、アウトソースを実施することで自社の中心的な業務に集中することができ、全体としての業務効率やコストを削減できるというメリットがある。クラウドの場合、ITインフラやアプリケーション、データの管理や運用をクラウド事業者に委託するため、一種のアウトソースととらえることができる。

オーバーヘッド
ITの分野では、ある処理を行う際に、間接的に必要となってしまう余分な処理、およびそれによって発生する負荷や処理時間を指す。本来進めたい処理の遅延につながるため、オーバーヘッドは可能な限り小さいほうが望ましい。

オンデマンド
ユーザの要求があったときに、その都度サービスを提供する方式。各ユーザが好きなときにサービスを利用できるもので、インターネット上の多くのサービスがこの方式を採用している。

【か行】

仮想化技術
物理的なコンピュータの上に、独立して動作する仮想的なコンピュータ（仮想マ

シン）を構築する技術。仮想マシンには、通常のコンピュータと同様に OS やアプリケーションをインストールして利用することができる。P.46 参照。

仮想サーバ
仮想マシンを利用して構築されたサーバのこと。P.44、P.46 参照。

仮想デスクトップ環境
仮想化技術を利用し、PC 内の仮想環境上に構築されたデスクトップ環境のこと。近年では、サーバ内に仮想デスクトップ環境を構築し、それをサービスとしてクライアントに提供するしくみのクラウドサービスが登場している。P.60 参照。

クラスタリング
複数台のサーバを利用して負荷の分散や可用性の向上を行う技術。P.78 参照。

ゲートウェイ
ネットワーク上で、プロトコルの異なるデータを相互に変換することで通信を可能にする機器のこと。媒体や伝送方式が異なる場合、そのままでは通信を行うことができないため、経路上にゲートウェイを配置して通信が可能な形に相互変換を行う。たとえば、企業内のネットワーク（LAN）とインターネット（WAN）のようなセグメントの異なるネットワークを接続するためなどに利用される。

高可用性
可用性とは、障害の発生のしにくさや、障害発生からの回復の早さなどを測る指標のこと。高可用性とは、文字通り可用性が高いことを示す用語である。英語では「High Availability」といい、頭文字を取って「HA」と表現することもある。具体的には、システムの多重化やクラスタリング、バックアップ、レプリケーションなどの技術によって高可用性を持ったシステムを実現する。

【さ行】

サーバ仮想化
仮想化技術を利用して仮想環境上にサーバを構築すること。物理的なコンピュータの上に、独立して動作する擬似的なサーバを構築することによって、IT リソースの最適化や柔軟性の向上を実現する。P.44、P.46、P.48 参照。

スケールアウト
並列で使用するサーバマシンの数を増やすことによって、システム全体の処理能力を向上させること。P.98 参照。

スケールアップ／スケールダウン
より性能の高いサーバマシンに変更してシステムの処理能力を向上させることを「スケールアップ」、その逆を「スケールダウン」と呼ぶ。P.98 参照。

【た行】

テーブル指向データベース
NoSQL の一種で、列方向のデータを効率良く扱えるように設計されたデータ構造を持つ。P.74 参照。

ドキュメント指向データベース
NoSQL の一種で、XML や JSON などの半構造化されたドキュメントデータの格納に適した構造を持つデータベース。P.74 参照。

【な行】

ニフティクラウド
ニフティが提供している IaaS 型のクラウドサービス。P.126 参照。

【は行】

バックアップ
あらかじめデータやシステムの複製を作成しておくことで、万が一問題が発生した場合でも復旧ができるように備えてお

くことを指す。複製されたデータやシステム自体を指してバックアップと呼ぶことも多い。データをまるごと別のマシンやメディアにコピーする方式や、前回作成したコピーとの差分を記録する方式など、ひとくちにバックアップといってもさまざまなものがある。

フレームワーク
IT業界、特にソフトウェア産業で使われる場合の「フレームワーク」とは、アプリケーション開発において必要となる汎用的な機能およびそのための共通コードをまとめ、アプリケーションの雛形として利用できるツールのことを指す。フレームワークを利用することで、開発者は独自に必要となる部分だけに集中して開発を進めることができるため、開発効率を向上させることができる。

分散処理／分散並列処理
複雑な計算などの処理を、複数のコンピュータによって分割して実行することで、高速化や負荷分散を実現する方法を「分散処理」と呼ぶ。また、複数に分散させた処理を同時並列的に実行することを特に「分散並列処理」と呼ぶ。P.50参照。

【ま行】

ミドルウェア
OSとアプリケーションの中間に位置して、両者を連携させる役割を持ったソフトウェアの総称。OSを拡張するような機能や、アプリケーションから利用するための共通的な機能がまとめられている。代表的なミドルウェアとしてはデータベース管理システムやソフトウェア開発支援ツール、通信管理システム、運用管理ツールなどが挙げられる。

【ら行】

レイテンシ
データの要求を行ってから、実際にそのデータが返ってくるまでにかかる時間のこと。たとえばメモリやディスクからのデータを読み出す場合や、ネットワーク経由でデータを受信する場合などにかかる時間を指す。個々のデバイスやサーバマシンによる処理時間だけでなく、通信による遅延も含まれるため、ユーザやクライアントソフトから見た体感的な速度を表す数値として参照されることが多い。

レプリケーション
あるデータやシステムについて、まったく同じ内容の複製を別のコンピュータ上に作成すること。ある瞬間の状態を複製して長期間保存するバックアップとは異なり、レプリケーションでは基になったデータやシステムへの変更がリアルタイムに複製の側にも反映される。これによって負荷の分散や耐障害性の向上を実現する。レプリケーションの機能は、データベース管理システムや仮想化ソフトウェアなどでよく利用されている。

ロードバランサ
クライアントからの要求を、同等の機能を持った複数のサーバに振り分けることで、1台のサーバに負荷が集中しないようにするための負荷分散装置。ロードバランサを用いることで、クライアントに対する適切な応答速度を維持することができるほか、万が一1台のサーバが停止した場合でもサービスを継続することが可能となる。クライアントからは1台のサーバに見えるため、実際にどのサーバで要求が処理されているのかを意識する必要はない。

INDEX

記号・数字
.NET Framework 120

A
Amazon Cloud Player 104
Amazon EBS 110
Amazon EC2 .... 58, 96, 110, 182
Amazon Elastic Block Store 110
Amazon Elastic Compute Cloud 110
Amazon Machine Image.......................110
Amazon S3 .... 110, 182
Amazon Simple Storage Service 110
Amazon SimpleDB 112
Amazon VPC 94
Amazon Web Services 112
AMI 110
API 182
App Engine for Business 108
App Engine サービス.......................... 108
AppExchange 115
Appforce.. 116
Application Programming Interface 182
Application Service Provider 182
ASP 26, 80, 182
Auto Scaling 112
AWS 112
AWS Elastic Beanstalk 112
Azure AppFablic................................... 120
Azure Platform 120
Azure Platform Service 56
Azure VM ロール................................. 120

B
Beanstalk...112
BigTable... 108
BizXaaS 134

C
CCM 146
CDN 182
Chatter 114
Cloud 2015.. 169
Cloud Controls Matrix 146
Cloud Files 128
Cloud Security Alliance.................146, 169
Cloud Servers 128
Cloud Sites 128
Cloud Storage Initiative....................... 169
Contents Delivery Network 182
CRM 114, 182
CSA...146, 169
CSI 169
Customer Relationship Management
 ....114, 182

D
DaaS 32, 60, 182
Database.com 116
Desktop as a Service 32, 60, 182
Distributed Management Task Force... 169
Django... 108
DMTF 169
Dropbox 40

E
EBS 110
EC2 110
EC2 インスタンス 110
Eclipse... 182
Elastic Load Balancer..........................112
ENISA.. 146
Erlang 68, 165, 182
European Network and Information
 Security Agency.............................. 146
eXtensible Markup Language 185

F
F#...69, 165, 183
Facebook 56
fairy 69, 165, 183
Flickr.. 40
Force.com 56, 116, 183

G
GAE.. 108
Gmail 40, 106
Google App Engine 56, 96, 108, 183
Google Apps 96, 106
Google Apps for Business.................. 106
Google Apps Marketplace.................. 106

INDEX

Google Go 68, 165, 183
Google カレンダー 106
Google ドキュメント 40, 106

H
HA 160
HaaS 32, 58
Hadoop 69, 165, 183
Hardware as a Service 32, 58
Harmonious Cloud 136
Heroku 116
High Availability 160
HTTP 20, 52, 183
HyperText Transfer Protocol 20, 52, 183

I
IaaS 22, 32, 58, 183
IBM Smart Business クラウドポートフォリオ 122
IDS 142, 144, 183
IEEE 169
IIJ GIO 138
IIJ GIO アプリケーションサービス 138
IIJ GIO コンポーネントサービス 138
IIJ GIO ストレージサービス 138
IIJ GIO プラットフォームサービス 138
IIJ GIO ホスティングパッケージサービス
.... 138
Infrastructure as a Service 32, 58, 183
Institute of Electrical and Electronics
    Engineers 169
Intrusion Detection System 183
Intrusion Prevention System 184
INVITO MOBILE 138
IPS 142, 144, 184
ISVforce 116
IT を利用する環境 24

J
JavaScript Object Notation 184
Java ランタイム 108
JSON 184

K
Key-Value-Store 74, 184
KVS 74, 184

L
LGWAN 174, 184
Local Government WAN 184

M
MapReduce 68, 70, 165, 184
Map フェーズ 70
MCCS 122
Microsoft Office 365 118
Microsoft Office Live Small Business 118

N
NoSQL 72, 74, 164, 184

O
OCCI 169
OCSI 169
ODCA 169
OGF 169
Open Cloud Computing Interface 169
Open Cloud Manifesto 169
Open Cloud Standards Incubator 169
Open Data Center Alliance 169
Open Grid Forum 169
Oracle Beehive On Demand 124
Oracle CRM On Demand 124
Oracle on Demand 124
Oracle Platform for SaaS 124

P
PaaS 32, 56, 184
PC サーバ 64
Platform as a Service 32, 56, 184
Python 108

R
Rackspace 128
RDB 72
RDBMS 184
Reduce フェーズ 70
Relational DataBase Management System
.... 184
RIACUBE 132
RIACUBE/SP 132

S
S3 110
SaaS 26, 32, 54, 184

INDEX

Sales Cloud 2 114
Salesforce CRM 114, 184
Salesforce.com 114
SAS 70 .... 100, 154, 156
Scala 68, 165, 184
Service Cloud 2 114
Service Level Agreement 88, 148
Siteforce 116
SLA 88, 148
Smart Business 開発＆テストクラウド
　　サービス 122
Smart Business デスクトップクラウド
　　サービス 122
SNIA 169
SOA 80
Software as a Service 32, 54, 184
SOX 法 154, 156, 185
Spring 116
SQL Azure データベースサービス 120
Storage Networking Industry Association
　　... 169

T
TCO 94, 185
The Network is The Computer 26
The Rackspace Cloud 128
Total Cost Ownership 185

V
VDI 60
Virtual Desktop Infrastructure 60
Virtual Private Network 62, 185
VMforce 116
VPN 62, 185

W
Web 2.0 .... 26, 76, 185
Web アプリケーション 52
Web サーバ 64
Web サービス 52
Web ロール 120
Windows Azure 96, 120, 185
Windows Azure Platform 120
Windows Live 40, 118
Windows Live ID 118
Worker ノード 70
Worker ロール 120

X
XML 74, 185

ア行
アウトソース 84, 185
アクティブーアクティブ構成 78
アクティブースタンバイ構成 78
アプライアンス 64
アプリケーションサービスプロバイダ
　　....................................... 26, 80, 182
委託先の監督義務 100
医療クラウド 180
インターネット VPN 62
欧州ネットワーク情報セキュリティ庁
　　... 146
オーバーヘッド 50, 185
オンデマンド 22, 185

カ行
隠れたコスト 162
霞ヶ関クラウド 172
仮想アプライアンス 144
仮想化 22, 46
仮想化技術 46, 186
仮想化ソフトウェア 46
仮想環境 46
仮想サーバ 44, 46, 186
仮想デスクトップ環境 61, 186
仮想プライベートクラウド 30
仮想マシン 46
仮想マシンコントローラ 48
仮想マシンモニタ 48
監査基準委員会報告書第 18 号 154, 156
関数型言語 68, 165
企業経営 24
教育クラウド 178
金融商品取引法 154, 156
クライアント－サーバモデル 12
クライアントハイパーバイザ 48, 60
クラウド 12
クラウド基盤層 22
クラウドコンピューティング 12, 26
「クラウドコンピューティング：情報セキュリ
　　ティ確保のためのフレームワーク」 146
「クラウドコンピューティング：情報セキ
　　ュリティにかかわる利点、リスクおよび
　　推奨事項」 146

INDEX

「クラウドサービス利用のための情報セキュリティマネジメントガイドライン」 146
クラウド指向サービスプラットフォームソリューション 132
クラスタリング 78, 160, 186
グラフ指向 74, 165
グリーン IT 170
グリッドコンピューティング 26, 80
ゲートウェイ 62, 186
ゲスト OS 46
高可用性 160, 186
コミュニティクラウド 30
コンテナ 48
コンピュータシステム 26
コンピュートサービス 120
コンプライアンス 150

サ行
サーバ 64
サーバ仮想化 44, 46, 186
サービス指向アーキテクチャ 80
サービス提供層 22
サービス品質保証契約 88, 148
サービス利用層 22
サイボウズガルーン SaaS 138
自治体クラウド 172, 174
シンクライアント 26
スケールアウト 98, 186
スケールアップ 98, 186
スケールダウン 186
ストレージサービス 120
スモールスタート 38
政府共通プラットフォーム 172
セキュリティ対策 142
捜査権限規制法 153

タ行
通信経路のトンネリング 62
データの暗号化 62
データベースサーバ 64
テーブル指向 74, 165
テーブル指向データベース 186
デジタルサイネージ 66
電子看板 66
ドキュメント指向 74, 165
ドキュメント指向データベース 186
トンネリング 62

ナ行
内部統制 100
内部統制報告制度 154
ニフティクラウド 58, 126, 186
日本版 SAS 70 154
日本版 SOX 法 154, 156
認証 62
ネットワークコンピューティング 80
農業クラウド 176

ハ行
パーソナルコンピュータ構想 26
ハートビート 78
ハイパーバイザ 48
ハイブリッドクラウド 30
働き方 24
バックアップ 102, 186
パトリオット法 152
パブリッククラウド 30
不正侵入検知システム 142, 144, 183
不正侵入防御システム 142, 144, 184
プライベート クラウド 30
フレームワーク 187
分散 KVS 74
分散処理 22, 44, 50, 187
分散ストレージ 44
分散並列処理 165, 187
米国監査基準書 70 号 Type II 100, 156
法令尊守 150
ホスティングサービス 80
ホスト OS 46

マ～ヤ行
マネージドクラウドコンピューティングサービス 122
マルチクラウド 30
ミクシィ 56
ミドルウェア 187
メインフレーム 28
ユーティリティコンピューティング 80

ラ行
ライフスタイル 24
リレーショナルデータベース 72
レイテンシ 187
レプリケーション 160, 187
ロードバランサ 78, 187
ロール 120

191

■著者略歴

杉山 貴章（すぎやま たかあき）
1979年10月生まれ。2001年電気通信大学電気通信学部情報工学科卒業。卒業後、有限会社オングスを設立し、Javaを中心としたソフトウェア開発やプログラミング関連書籍、IT系雑誌記事の執筆などに従事する。近年はオンラインメディアにおける技術向けの解説記事やIT系ニュース記事などの執筆にも活動の幅を広げるかたわら、東京都の職業能力開発センターにて非常勤講師としてプログラミングやソフトウェア開発の基礎などを教えている。著書に、『Javaアルゴリズム＋データ構造完全制覇』『Java API実用リファレンス Vol.1～Vol.4』『Javaプログラミング ステップアップラーニング』『反復学習ソフト付き 正規表現書き方ドリル』（以上、技術評論社）がある。

カバー・本文デザイン●和田奈加子(round face)
DTP●株式会社トップスタジオ

■お問い合わせについて

本書の内容に関するご質問は、下記の宛先までFAXまたは書面にてお送りいただくか、弊社Webサイトの質問フォームよりお送りください。お電話によるご質問、および本書に記載されている内容以外のご質問には、一切お答えできません。あらかじめご了承ください。

〒162-0846　東京都新宿区市谷左内町21-13
株式会社　技術評論社　書籍編集部「図解 クラウド　仕事で使える基本の知識」質問係
FAX：03-3513-6167
技術評論社Webサイト：http://gihyo.jp/book/

なお、ご質問の際に記載いただいた個人情報は質問の返答以外の目的には使用いたしません。また、質問の返答後は速やかに破棄させていただきます。

図解 クラウド　仕事で使える基本の知識

2011年 8月15日　初版　第1刷　発行
2019年 6月14日　初版　第6刷　発行

著　者　杉山貴章
発行者　片岡　巌
発行所　株式会社技術評論社
　　　　東京都新宿区市谷左内町 21-13
　　　　電話　03-3513-6150　販売促進部
　　　　　　　03-3513-6160　書籍編集部
印刷／製本　株式会社 加藤文明社

定価はカバーに表示してあります。
本書の一部または全部を著作権法の定める範囲を超え、無断で複写、複製、転載、あるいはファイルに落とすことを禁じます。

©2011　杉山貴章

造本には細心の注意を払っておりますが、万一、落丁（ページの抜け）や乱丁（ページの乱れ）がございましたら、弊社販売促進部へお送りください。送料弊社負担でお取り替えいたします。

ISBN978-4-7741-4717-8 C3055
Printed In Japan